はじめに

本別冊は、厄介な雑草（難防除雑草）の生態的特性（「強み」と「弱み」）、かしこい叩き方、初期除草の知恵（芽生えの段階での対策）、除草剤を使いこなすワザなど、過去の月刊『現代農業』から選りすぐりの記事を集めたものです。

厄介な雑草は田舎でも都会でも勢いを増し、私たちの生産と生活をおびやかしています。その主なものは、なんといってもスギナ、クズなど、地下に本体を持つ多年生雑草です。『最新 農業技術事典』（農研機構 編）にも「難防除雑草にはその生態的特性から多年生雑草を指す場合が多いが、一年生雑草もあり得る」と記されています。

『現代農業』２０２１年７月号の特集「厄介な多年生雑草　地下組織のたくらみを暴け！」では、雑草研究の大家で『多年生雑草対策ハンドブック』著者の伊藤操子《みさこ》先生と「根っこ探検隊」を結成し、現場に出かけ、額に汗して多年生雑草の地下部を掘り出し、恐るべき正体を暴きました。さらに、春と秋の恒例の草刈りが、じつは多年生雑草の本体である地下部にはほとんどダメージを与えず（＝無駄）、生理・生態に基づく草刈りと除草剤のベストタイミングがあることをやさしく解きほぐし、大好評でした。

その１年後、『現代農業』２０２２年７月号の特集「あの厄介な雑草とのたたかい方」では、「クズ大問題　まるでグリーンモンスター」など近年各地で大問題となっているクズの実態と対策に迫る記事や、多年生・一年生を問わず今話題の厄介な雑草たちの生態と叩き方・抑え方を明らかにした記事がこれまた好評を博しました。

これらの特集を中心に、おなじみの難防除雑草や、日本に侵入して急速に分布を広げる外来雑草の生態と対策を、『現代農業』記事から精選しました。

庭先、空き地、道路の法面、裏山から、アゼ、畑、水田、耕作放棄地まで、厄介な雑草はさまざまな場所に押し寄せてきています。本別冊をお読みいただければ、彼らの弱点を知り、効果的に叩くことができます。お役立ていただければ幸いです。

２０２４年６月

農山漁村文化協会編集局

目次

＊執筆者・取材先の情報（肩書、所属、活動など）は『現代農業』掲載時のもの（敬称略）
＊本書に記載した除草剤の適用、HRACコード（0 9 などのマーク）は2024年6月時点のもの

雑草名さくいん（50音順、数字は該当ページ）

厄介な多年生雑草
地下組織の
たくらみを暴け！

これがオレたち、多年生雑草の生き方さ

タネから生まれて、大きくなって、花を咲かせて、またタネを落とす。これ、野良で雑草が生き延びるためのキホン。ただし、オレたち「多年生雑草◆」ってやつは、まんねん一年坊主の「一年生雑草◆」たちより、ちょっとしぶといよ。冬に枯れても、根っこは生き残る。2年、3年……、何十年も生き残って勢力拡大するやつだっている。

人間たちが知らぬ間に、**地下部に栄養をどんどん貯め込んで、猛暑の夏に大暴れ**。地下で根っこや茎を伸ばしたり、地上でつるを這わせたり。間隙ついて、どこにで

◆マークは83ページにことば解説あり

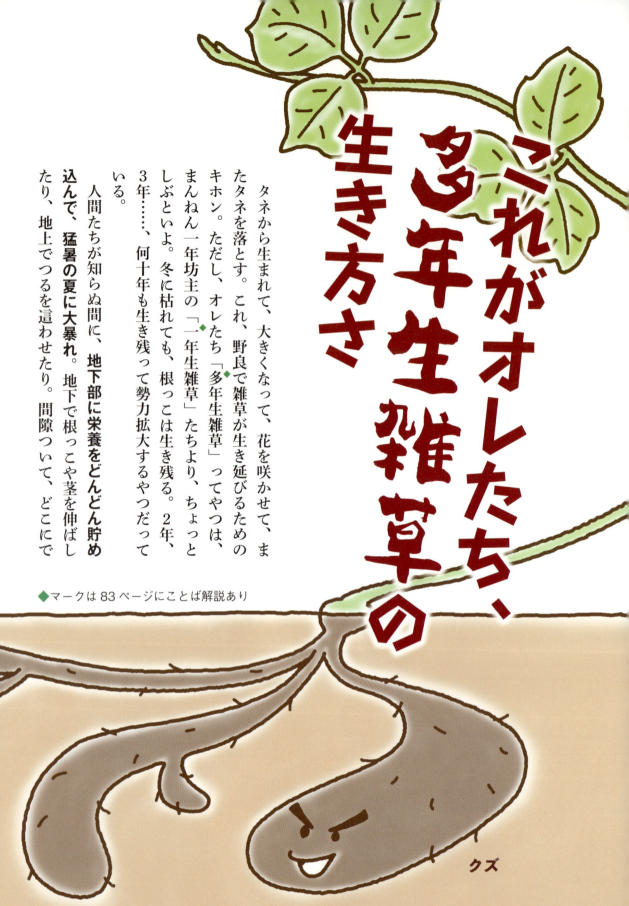

も侵入しちゃうよ。オレなんかミカンとかの樹に絡みついて木登りしちゃって、幹を捻じ曲げ、生長点を覆い尽くす。**大木を枯死させせちゃったり**もするんだぜ。おかげで（？）人間からは「クズ」呼ばわりさ……。

草刈りだって怖くないよ。そりゃ、オレたちだって**大ダメージを受けるタイミングってのもある**けどさ、痛くも痒くもないときに、汗水流して刈ってるおじさんたちも結構いるんだよね。ほどよい刺激を受けて、オレたちかえって元気になっちゃったりしてさ（笑）。

畑の除草剤も効かないよ。作付け中にまく除草剤って、たいてい一年坊主たちを対象につくられた製品だから。収穫後にロータリで切り刻まれてもへいき、へいき。オレたちの**根や茎は、「再生」と「繁殖」をテーマにつくられてる**んだよ。っていうと、なんだか神々しいでしょ。

えっ？　人手不足で草刈りできない？　耕作放棄地が増えた？　区画整備ででっかい法面になった？　そりゃもう大歓迎だね。地下の根っこに貯金（養分）がじゃらんじゃらん貯まっちゃうよ！　ま、あんまり勢いづいたら、農家のおじさんたちも困っちゃうみたいだけど。それでも、これがオレらの生き方なんだもん。編

農道の法面 イタドリ、ヨシ、フキ……

巨大化して
排水路に覆い被さる

北海道・**難波義夫**

ヨシの地下茎が排水路に侵入

田んぼに隣接する農道の法面管理に手を焼いています。イタドリ、ヨシ、フキ、ギシギシなどの多年生雑草が刈っても刈っても生えてくるんです。

法面の下に共同排水路があるのですが、牛朱別川《うしゅべつ》につながる樋門の直前に位置するので、肥料分の多い水が流れてきます。ヨシは排水路の中に地下茎を伸ばし、各節から根を伸ばして排水溝のつなぎ目にも侵入。流れを阻害して、ちょっとした大雨で、すぐに水があふれ出てしまうんです。

イタドリは排水路内に倒れ込む

イタドリは群生して草丈が2～3mにもなります。その陰に隠れた他の草も、日光を求めて競り合って伸び、軟弱な草となってイタドリとともに排水路内に倒れ込んできます。

なので毎年1～2回、急傾斜の法面で草刈りします。最近は近所の人がアーム式のモアをつけたトラクタで刈ってくれたりしますが、法面下のほうはやっぱり人力。刈り払い機で私の2倍近くにもなるイタドリを相手に、上と下で2段刈りしていきます。

足元をとられないよう注意しつつ、草が排水路に落っこちないように下から上へ刈り上げていく。年をとると、この作業がきついし、危ないんです。

おとなしい草に置き換われば……

法面が崩落してはいけないと、長年除草剤を使ってなかったのですが、さすがに草刈りの負担が大きくて、昨年はグリホサートと尿素を混用してまきました。春夏秋の3回、スポット的に5回やったところもありました。天気がよければ、イタドリもフキも数時間で頭がくた～っと垂れてきます。イネ科のヨシはわかりづらいですが、数日後には効いてきます。

根っこまで枯れたかは確認してません。ただ、枯れたとしても、どうせ近くの株から新しい根がすぐに侵入してくる。根絶するというより、草丈を抑えて、草刈りの労力を減らしたい。それだけです。

願わくば、背丈の低いイネ科の草なんかに置き換わると、管理がラクになってうれしいなー。腰くらいの高さなら、草刈りも楽勝。除草剤をうまく使って多年草たちに大ダメージを与えられる方法があるなら、ぜひ教えてもらいたいですねー。

（北海道旭川市）

◆マークは83ページにことば解説あり

野菜畑 エゾノギシギシ、ヤマワサビ、コンフリー

ロータリで細断しても ゾンビのように蘇る

北海道・安田貴史

畑の難防除雑草トリオ

北海道でジャガイモ、ビート、コムギ、緑肥をつくる農家の爺です。

畑の雑草のほとんどは土壌処理剤と茎葉処理剤で対処できますが、エゾノギシギシ、ヤマワサビ、コンフリーの「難防除雑草トリオ」だけは除草剤が効かずにはびこり、悩んでいました。地上部は枯れても地下部が生き残り、収穫後に耕起や整地で切断すると、刻まれた根のかけらから再生して数が増える。厄介な多年生雑草◆たちです。

ヤマワサビは誰かが栽培していたもので、きれいに収穫しきれずに残った根が野生化したものです。2年目以降の根は筋ばってごつくなっていきます。ギシギシは根だけでなく、ものすごい数のタネからも広まります。発芽して1年目は通常の除草剤で叩けますが、2年目以降は根が残って再生します。

ですが、この二つは初期のラウンドアップのジェネリック品（グリホサート）が安価で販売されるようになってから、効果的に根絶できるようになりました。私はコムギを2〜3年連作した後、ビートとジャガイモの交互作を3〜5年続けるのですが、8月にムギを刈り取った後、雑草の再生を待ってからグリホサート200倍液を散布しています。数年に1回のリセットで、効果的に減らせるようになりました。ついでに畑の外縁にもまいて、ヨモギやササ、小さな灌木（ヤナギ、ニセアカシアなど）も叩いています。

グリホサートでも根が枯れない

ところが、コンフリー（ヒレハリソウ）には通用しない。グリホサートを濃くかけても根が枯れません。

コンフリーは子どもの頃、祖母や母が畑でつくっていて、天ぷらにして食べていました。近所の家でも栽培していたので、住宅の跡などからぶわーっと広がり、今ではすっかり邪魔者です。

太いゴボウのような根で、プラウやロータリで細断してかきまわすと、それがぜんぶ芽吹きます。スコップで掘り返すと、2〜3年はおとなしくなりますが、土中に残った根の先端がゾンビのように蘇り、次々に芽吹いてきます。

ある農薬会社の勉強会でバンベルDの50倍液が効くと聞いたのですが、畑での登録はありません。発生源となった宅地で試すと、かなりしっかりした根を持った個体でも、2回散布でほとんど根絶できました。しかし、高濃度であり残効も長い。畑でまこうものなら、作物も薬害に見舞われるでしょう。

（北海道清里町）

◆マークは83ページにことば解説あり

畑周り　クズ

貯蔵根を「根絶」するには？

岡山・西山宏治

根絶するしかない……

草木に絡みつき、大きな葉で辺り一面を覆い尽くし、日の光を独占。古来そのつるは農具、工具、日用品の素材として、また根は葛餅《くずもち》や葛根《かっこん》湯の原料としても利用されてきました。しかし現在では、その強すぎる繁殖力が脅威となっています。

私は醤油屋でして、醤油の搾り粕と刈った雑草から堆肥をつくり、２００８年に塩田跡地の一画（約５ａ）で無農薬野菜栽培を始めました。そこでは毎年エダマメにマルカメムシがたかりまくっておりました。

ある年、夏草刈りの最中にマルカメムシがたかっている雑草に気づきました。それがクズでした。同じマメ科の植物で、マルカメムシを強く誘引するクズに覆われた塩田跡地でエダマメを育てていた――。もう草刈り機をぶんぶん振り回して刈りまくるしかありません。

ただ、クズ繁殖の源泉は地下のでっかい根に蓄えられた養分です。地上部をきれいに刈り取っても、翌年には残った根から復活し、数年も経てば元の状態に戻ります。

クズとの闘いに勝つには「根絶」、これしかないのです。

クズの主根に爪楊枝を刺す

太いつるをたどって主根を見つけ、スコップで掘り出すと、アナコンダのような根が何本も地下に潜んでいました。戦況は厳しく、畑の東、北、西の３方向からクズが侵攻、残る南は水路というまさに背水の陣でした。すがる思いでネット検索の結果たどり着いたのが「ケイピンエース」。薬剤を浸み込ませた爪楊枝状の除草剤で、クズの主根に電動ドリルで下穴をあけ、そこに刺すという変わった使い方です。

それから６年。塩田跡地だけでなく、長年放置していた畑では祖父が植えたミカンの樹がクズに覆われて枯死したり、雑種地では隣の建物につるが這い上がり……。戦線は広がり、気づけば１５００発以上のケイピンエースを打ちまくっていました。その間、滅ぼしたクズは数知れず。同志への一助となればと、一部始終を「クズ根絶日記１～６」としてホームページにアップしました。

最後に、広範囲のクズ対策のポイントを紹介します。まず、梅雨明け後にザイトロン微粒剤（ホルモン剤）を散布して、根の直径３㎝以下のクズを枯らしておき、生き残ったしぶとい株にケイピンエースでとどめを刺すのが効率的。ただし、ホルモン剤は微量でも農作物に大きな影響を及ぼす恐れがあるため、ドリフトなどしないよう細心の注意が必要です。

（岡山県倉敷市）

根っこ探検隊、結成!!
愛用の根っこ掘りヘラ
辻 勝弘さん
現地の稲作・直売野菜農家。ハウスに生えるヨモギやスギナ、ヒルガオなどの多年生雑草に困っている
伊藤操子先生
1941年生まれ。京都大学名誉教授。NPO法人緑地雑草科学研究所理事。多年生雑草の専門家
豊田吉之さん
緑地雑草科学研究所認定の雑草インストラクター。福井県の中山間地などの雑草管理などに携わる
（依田賢吾撮影、以下表記がないものすべて）

多年生雑草の本体見たり！ 根っこ探検隊がゆく

NPO法人緑地雑草科学研究所・伊藤操子《みさこ》先生 ほか

2020年に発売され、好評につき重版中の『多年生雑草対策ハンドブック』（農文協）は、副題に「叩くべき本体は地下にある」と掲げている。著者の伊藤操子先生曰く、「◆多年生雑草の地上部、つまり私たちが見ている部分は、莫大な量の地下部に比べると、ほんの氷山の一角なんです」。

枯らしたはずが、刈り取ったはずが、いつの間にか復活している……そんな多年生雑草のしぶとさの秘密が、地下にあるというのだ。光合成でつくった栄養を地下部に蓄え、そこを栄養繁殖器官として再生するのだという。「せやから、地下部がどういう状態かをイメージして、地下部を弱らせる、枯らすような対処をしないと、効果は上がらないんです」。

なるほど。でも、地下部なんてイメージのしようがない。どうすれば……。「やっぱり、実際に掘ってみるのがいいと思います。農家の方たちと根っこを掘って見てみると、皆さん『こんなにすごいのか』って、とっても驚きはりますよ」。

さすが現場主義の先生。それなら、

◆マークは83ページにことば解説あり

今年は水田作
草刈りがおっつかなくて、どうしても多年生雑草が大きくなっちゃいます。虫の温床になったりするんですよね

調査地（福井県大野市）の巨大な畦畔。草刈りが大変なうえ、ブロックローテーションを採用しているため、上の圃場が3年に1度転作している間は「水田畦畔」登録の除草剤が使えない

小畑竜三さん
今回の調査地を管理する大規模農家。イネ約40haの他、ソバやオオムギなどを栽培

ぜひ掘りに行きましょう！　こうして2021年4月末、あいにくの雨模様の日だったが、多年生雑草の「根っこ探検隊」出動！　とあいなった。メンバーは、誰よりもシャキシャキ動く伊藤先生、今回の調査地、福井県で活躍する雑草インストラクターの豊田さん、そして多年生雑草に困っている現地の農家、辻さん夫妻と編集部。まずは、小高い丘の大きな畦畔から探検開始。

カラムシ（イラクサ科）

夏の同地点。カラムシの地上部に覆われ、畦畔管理がとても難しくなっている（写真提供：伊藤操子、『多年生雑草対策ハンドブック』より）

カラムシの株跡（手前）。太い茎は、畦畔でひときわ目立つ

慎重にね
任せといてください！
サクッ
サクッ

掘り取り作業。鍬やスコップ、ブロワーなどを使って、根の周りの土を取り除く

さっそく「ありました」と、伊藤先生が声を上げた。カラムシだ。かつては繊維を利用する工芸作物として、盛んに栽培された植物だが、現在は雑草として各地に拡散し、畦畔や鉄道や道路脇などに群生。夏場には地上部がゆうに2mを超え、土地管理の障害となっている。

昨年の切り株跡の周り1m×1mほどの範囲を、鍬などで丁寧に掘ることになった。根を傷付けずに掘るのは至難の業と思ったが、そこは経験者の豊田さんが率先。見る見るうちに土は除かれ、樹木のような地下部が姿を現わした——。

あらわになったカラムシの地下部。樹のように太い根っこに一同驚愕

根茎
カラムシの栄養繁殖器官。触ってみると、数cmおきに節があるのがわかる。この節にできるわき芽からシュート（地上部）や根を発生させる
貯蔵根
根茎の節から発生した、養分を蓄える器官。紡錘状でぷっくらと膨らんでおり（直径2.5cmを超すものもある）、根茎よりもすべすべした感じがある。ここからは地上部は再生しない

シュート（地上部）

根茎から伸びていたシュート。
春から秋にかけて発生する

「うわ、こんなになってるんですね」と、驚きを超えて呆れ顔となったのは辻さんだった。伊藤先生も「こない立派な地下部、なかなか見られませんよ」と、興奮気味にスマホで写真を撮り始める。しかし、そこは専門家。すぐに切り替えて、解説。「勝手放題に伸びてるでしょ。こんなふうに不規則に伸びるのが、カラムシの地下部の特徴です」。素人目には根が絡まり合っているようにしか見えないのだが、このカラムシの地下部は「貯蔵根」と「根茎」とに分けられるのだという――。

根茎は「茎」、貯蔵根は「根」に当たります。断面を細かく見ると、維管束の配置なんかが違うんです

お次はヨモギ。ヨモギ座布団（『現代農業』２０１９年７月号ほか）など、利用事例もたくさん紹介されているおなじみの草だが、辻さんにとっては、とても厄介な雑草だそうだ。「ハウスの端に生えて、いつの間にか広がっちゃうんです。引っ張れば簡単に抜けるんですが、すぐに新しいのが生えてくるんですって」「やっぱりハウスの端っこですか。ヨモギの根茎は、どんどん横に伸びるんですが、何かに突き当たると、そこで行き場を失って地上部を出すんです。ハウスの端や樹木のキワには、多年生雑草の地上部がよう出てますよ」と、伊藤先生。

地下でつながってるんですね。そりゃ、抜いてもきりがないわけだ

同じ根茎から複数のシュートが出ている

ヨモギ（キク科）

ヨモギの地下部。カラムシと同じく、節のある根茎から再生・栄養繁殖する。根茎は６～15㎝程度の浅い部分に分布しており、地下で広がりながらたくさん枝分かれする

◆マークは 83 ページに用語解説あり

スギナ（トクサ科）

スギナの根茎。黒くて見にくいので、紙を入れてみた。地上部から下に30～40㎝スーッとまっすぐ伸び、横に伸びる根茎に接続している（31、44ページも参照）

ウッと顔を歪める辻さん。見ているのはスギナの地下部だ。「こいつが一番困るんですって。除草剤で他の雑草が枯れた後、唯一残って繁茂します」。

スギナの黒い根茎は、カラムシとは違ってスーッと下に伸び、そこから横に走る根茎につながっている。伊藤先生曰く「スギナの地下部はとっても深く、『地獄の自在鉤』なんて呼び名もあります。海外の報告には、3m以上という例もある。地上部には、地下深くの根茎まで酸素を送る役目もあるんです」。

「ヨモギもスギナも、ホントに簡単に地上部が抜けるんですよね。地上部だけ抜かせてしまって、本体の地下部には絶対に触らせない。草取りしていると、そんな生き方をしているんじゃないかって、思うことあるんですよね」と、辻さんはしみじみと語る。そして、どこまでも深く伸びる地下部を見ながら、こう続けた。「なんだか、掘れば掘るほど『こんなの、どうしようもない』って、絶望的な気持ちになってきました……」。

まるで忍者!?

バラバラになった根茎がそれぞれ復活

辻
これっぽっちで
復活するの!?

セイタカアワダチソウの根茎断片。
2～3cmおきに節がある

バラバラになった根茎は、そのそれぞれが再生能力を持つ。根茎には数cmおきに節があり、そこから出る芽（わき芽）から新たな個体がつくられるためだ。耕起などで一気に増えるのはこのため。

塊茎

根茎上についていた塊茎。根茎と同じくスギナの栄養繁殖器官であり、根茎から離れると萌芽するようになる。形成時期は春～夏

へぇー、濃いほうが
効くと思ってました～
スギナが除草剤で枯れにくい？　ラウンドアップみたいな浸透移行性の除草剤は濃くしすぎず、「効いてるかな？」ぐらいの倍率でかけてみてください。剤の通り道が生きていないと、地下部まで届きませんから（43ページ参照）
奥さんの
辻 晴代さん

『多年生雑草対策ハンドブック』を見ながら、除草剤談議

よく、牧草地なんかに点々と生えてます。苦ーいシュウ酸を多く含むから、牛が食べ残して広がっちゃって困るんです

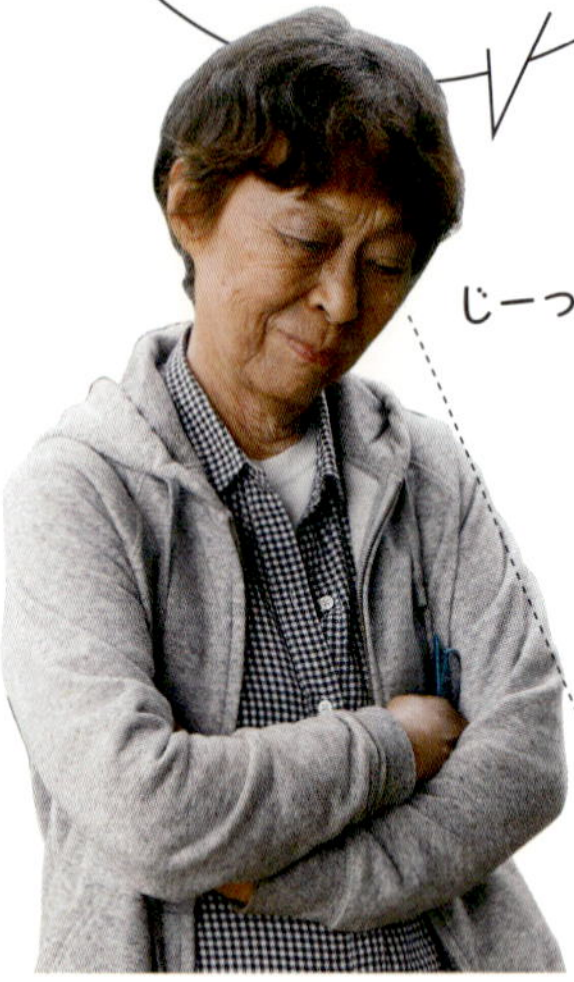

平場の草地でエゾノギシギシが見つかった。「これは掘りやすいぞ」と、豊田さん。現われた地下部はここまで見てきた雑草と違い、太く下にスッと素直に伸びている。すかさず伊藤先生が解説。「ギシギシ類の地下部は、短縮茎◆と直根からなります。横への広がりはありません」。短縮茎というのは、株の基部に当たる塊状の部分だそうだ。

「エゾノギシギシの場合、短縮茎と、その下の直根５cm程度が強い再生能力を持ちます。せやから10cmとか、それ以上掘り起こせば、取り除くことは可能です。でも実際には、広い面積でたくさん掘り起こすのは難しいですよね。そんなときは、アージランなどアシュラム系の除草剤です。広葉雑草にはグリホサートよりよく効くし、ギシギシは葉が広いのでぎょうさん浸透しますよ」。

エゾノギシギシ（タデ科）

エゾノギシギシ。葉のすぐ下の数cmが「短縮茎」という部分

◆マーク は 83 ページにことば解説あり

短縮茎

エゾノギシギシの栄養繁殖器官。これより下の直根も、数㎝ほどは再生能力を持つ。また、次第に短縮茎部分から株が分離して別個体となることで、横へも広がっていく

短縮茎から、新たなシュートが芽吹いていた

ヤブガラシ（ブドウ科）

あちこちからニョキニョキ出てきていたヤブガラシの地上部（矢印）

最後に地下部を掘り出したのは、つる性雑草のヤブガラシ。豊田さんが「ぜひ見せたかった草種」だ。現地の法面でかなり幅を利かせていて、刈り払おうにもつるが絡まるし、草刈り後はなぜか前より広がっちゃうのだとか。「せっかく除草剤で駆除しても、隣の人の畦畔からまた侵入してくる。クズとこいつは、本っ当に厄介ですよ」。

伊藤先生によると、ヤブガラシの地下部は◆「クリーピングルート」というそうだ。根茎や短縮茎は「茎」に分類されるが、こちらは「根」に当たるという。「大きく違うのは、合成ホルモン系の除草剤の効き方です。クリーピングルートは合成オーキシン系の除草剤（2，4-Dなど）に弱い。根のほうが、茎よりもオーキシンには敏感やから、異常に反応して死にやすいんやと思います」。

2020年6月、豊田さんはヤブガラシが繁茂するアゼにアージランを散布した。2021年の発生はだいぶ少なくなったが、油断は禁物だ（写真提供：豊田吉之）

◆マークは83ページにことば解説あり

発生していたシュート

クリーピングルート
ヤブガラシの地下部。形態的に「茎」に当たる根茎や短縮茎と違って、「根」に分類される。途中に節がないのが特徴で、あらゆる場所からシュートを伸ばす

ヤブガラシの
地上部群落

道を隔てて、向こうもこちらもヤブガラシが繁茂している。「根っこが下を通ってつながってるのかもしれません。このくらいの幅やったら余裕ですし」と、伊藤先生は推測

2021年4月末

イネ科の多年生雑草であるチガヤで覆われた理想的な畦畔。根が密に張り、草丈もそれほど高くないため畦畔の保持に役立つ。維持するためには年3回ほどの刈り払いが必要（28ページも参照）

調査地に広がる畦畔や草地では、多くの雑草種がひと所に繁茂している。どう対処していったらいいのだろう。伊藤先生は言う。「いっぺんに枯らそう思うても無理です。除去したいターゲット雑草を決めて、草種ごと順々に対処していけば、ちゃんと景観は変わっていきます」。例えば背の高い広葉雑草が問題となっている畦畔なら、広葉雑草に効果の高い除草剤を使ったり、刈り払いを増やしたりして、イネ科のチガヤなど多年生雑草でも問題となりにくい草種に誘導するイメージだ（上写真）。

今回の掘り取りでは、叩くべき本体の姿を目の当たりにすることができた。途中、あまりの地下部の迫力に無力感に襲われていた辻さんも、最後には「ここが根茎の節ですね。ここから芽が出て再生するんですって」と、地下部を触って自分で判別。今後は地上部ではなく地下部を叩く意識で、効率の高い対策をとることができそうだ（38ページを参照）。編

多年生雑草を知り、上手に管理するための参考図書案内

『多年生雑草対策ハンドブック』

（伊藤操子著、2300円＋税）

やっかいな雑草の本体は地下にあり。多年生雑草の特性と効果的な対策（草刈り、耕起、除草剤、防草シート、地被植物など）を平易に解説。草種ごとに地下部の貴重な写真とイラストを満載し、生態と管理法を具体的に示す。

「ルーラル電子図書館」

（会員制、年間2万4000円＋税）

農文協運営、インターネット上のデータベース。名前や幼植物の写真から調べられる雑草図鑑、作物ごとの登録除草剤など詳細情報を収録。『現代農業』や『季刊地域』『農業技術大系』などの雑誌や事典類、ビデオなども見放題。

ルーラル電子図書館の雑草診断のトップ画面

取材時の動画が、ルーラル電子図書館でご覧になれます。「編集部取材ビデオ」から。

http://lib.ruralnet.or.jp/video/

小雨の降る中、根っこ探検隊の調査は続いた

多年生雑草 地下部まるわかり図鑑

『多年生雑草対策ハンドブック』では、掘り取り調査に基づく地下部の精緻なスケッチを多数収録している。ここでは、その一部を大公開。草種によって、地下部はこれだけ違う！ 編

（地下部のスケッチはすべて伊藤幹二作画）

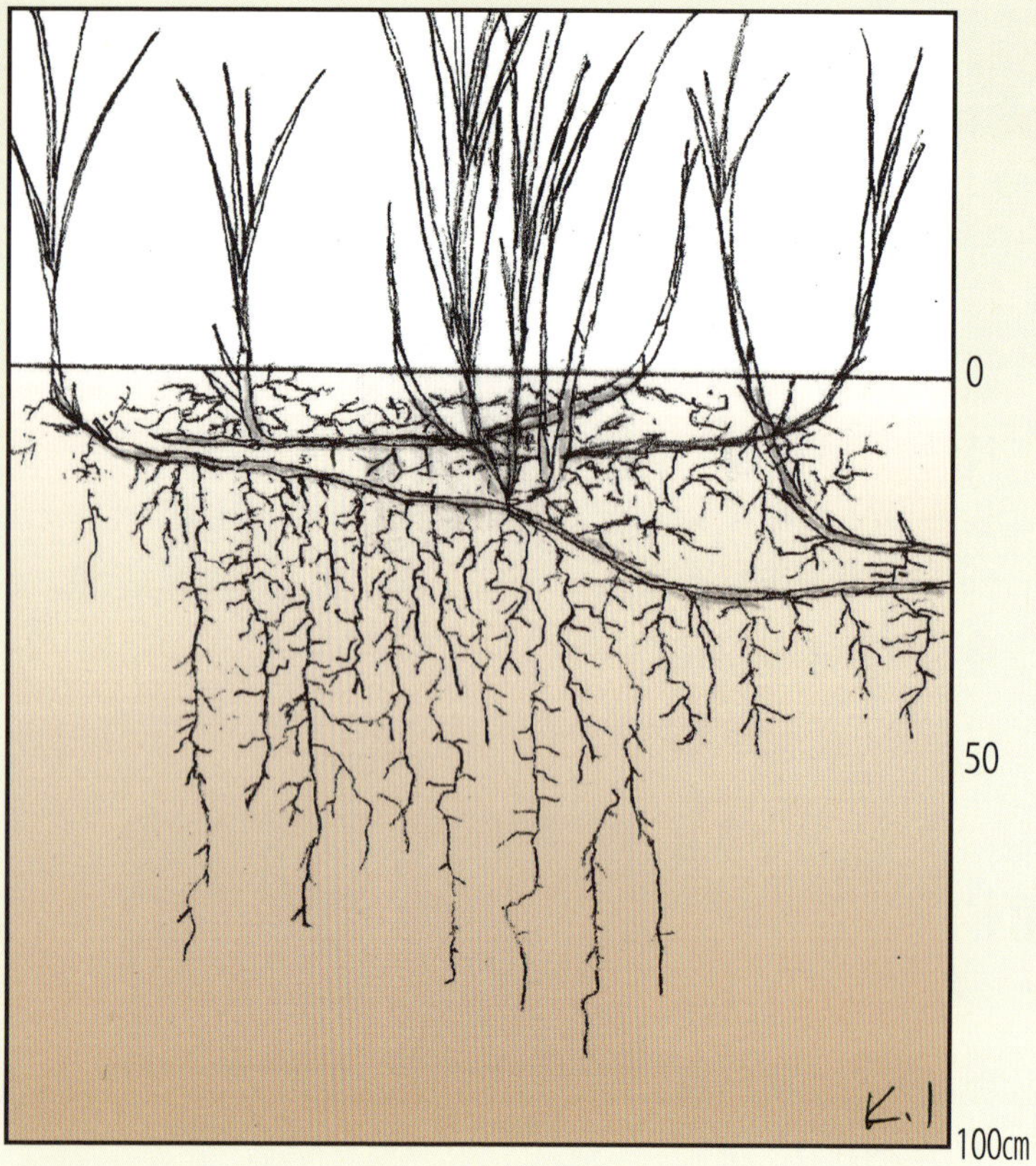

根茎のほとんどは、深さ30cm程度までに分布。そこから伸びる細根はよく発達し、土壌をがっしりとつかむ

チガヤ

イネ科

分類：◆根茎系
繁殖：種子、根茎断片
分布：本州〜沖縄
地上部生育期間：4〜11月
開花・結実：5〜6月

頻繁に草刈りされる場所で優占化しやすい。果樹園などでは害を及ぼすが、草丈がそれほど高くないことから、法面の保護に利用されることもある（26ページも参照）

根茎の先端。鋭く、他の植物の根を突き抜けて伸びる（とくに断りがない限り、写真は伊藤操子提供、『多年生雑草対策ハンドブック』より）

◆マークは83ページにことば解説あり

根茎の分布は極めて浅い。地上部を中心に放射状に発生・伸長し、8～11月に2次、3次分枝を発生させる。その後、それぞれの根茎先端が上向き出芽し、ロゼットを形成して越冬する

ヨモギ

キク科

分類：根茎系
繁殖：種子、根茎断片
分布：本州～沖縄
地上部生育期間：4～12月
開花・結実：8～10月

昔から薬用、食用、お灸などに利用されてきた草だが、高速道路や鉄道敷などで繁茂し問題になっている。刈り取りの少ない場所では草丈が2mを超える場合もある（下）

雑草こぼれ話 1

混乱を極める 多年生雑草の遺伝的背景

伊藤操子先生によると、移動や交雑などの影響により、多年生雑草の遺伝的背景は年々わかりにくくなってきているという。近畿で本来冬に枯れるはずのチガヤが越冬したり、1個体のクズが形の違う2種類の葉をつけたり。ヨモギも多数の亜種に加え、法面緑化用に輸入した種子が混ざり合い、本来の姿がわかりにくくなっている種の一つだ。

2m以上に育ったヨモギ。刈り取らなければ巨大に育ち、ヨモギだと気付かれない場合も多い

イタドリ

タデ科

分類：根茎系
繁殖：種子、根茎断片
分布：北海道西部～沖縄
地上部生育期間：4～11月
開花・結実：7～10月

山菜や薬草として利用されてきたが、大型であり群生しやすいことから、法面管理などで問題になっている。イギリスやアメリカでも大問題の雑草

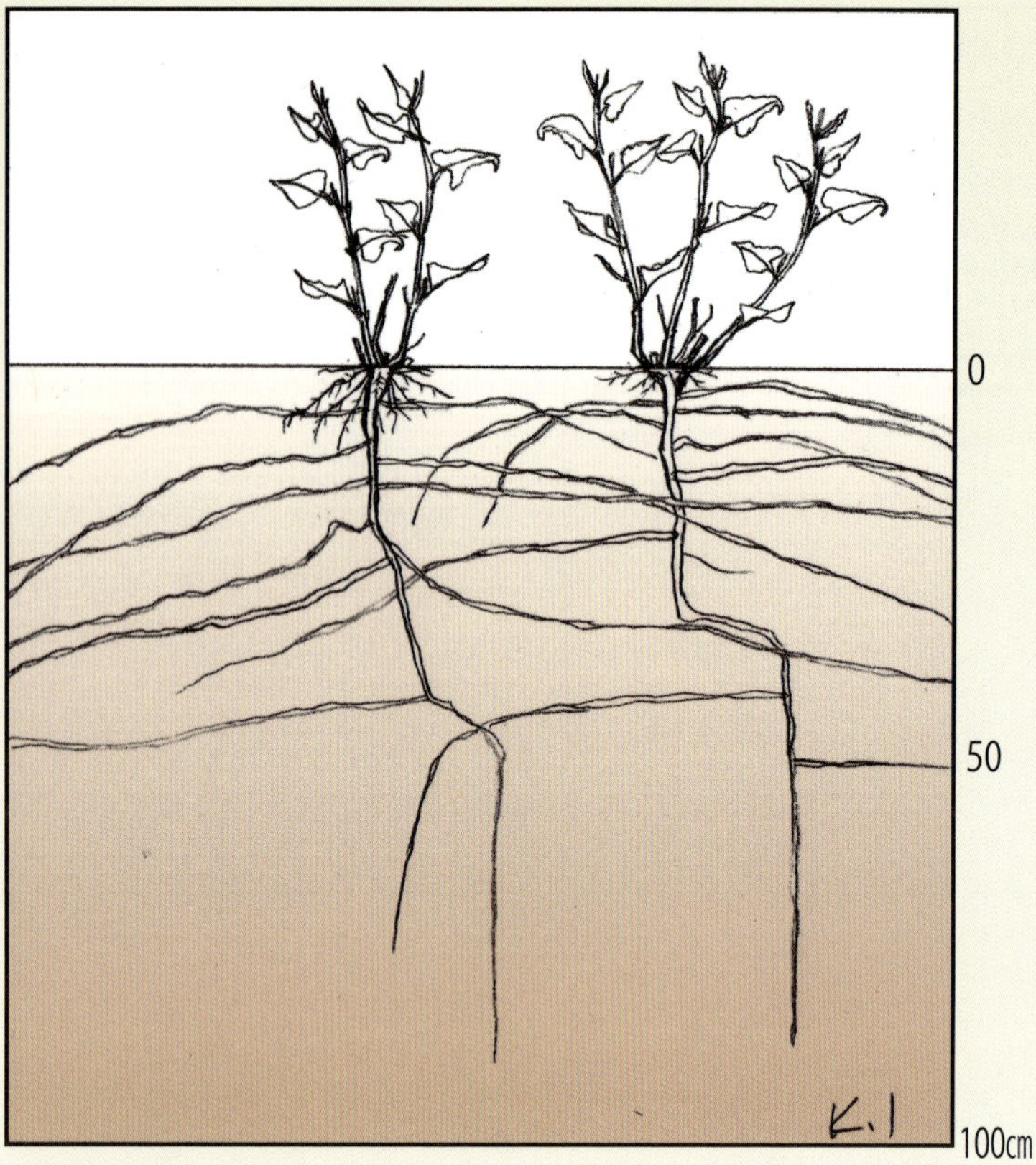

地下部は株から横に向けて放射状に伸びる根茎と、数本の直根からなる。根茎は深さ60cmほどに多く分布する

根茎断片から萌芽した◆シュート

4月末、2m以上に育った地上部。遺伝的変異が大きく、驚くほど大きく育つ個体が存在する。茎に竹のような節があるのが特徴で、根茎でも確認できる

◆マークは83ページにことば解説あり

スギナ

トクサ科

分類：根茎系
繁殖：根腋断片、塊茎
分布：北海道〜九州
地上部生育期間：4〜11月

シダ植物。胞子茎である「ツクシ」を形成するが、胞子での繁殖はほとんどない（20、44ページも参照）

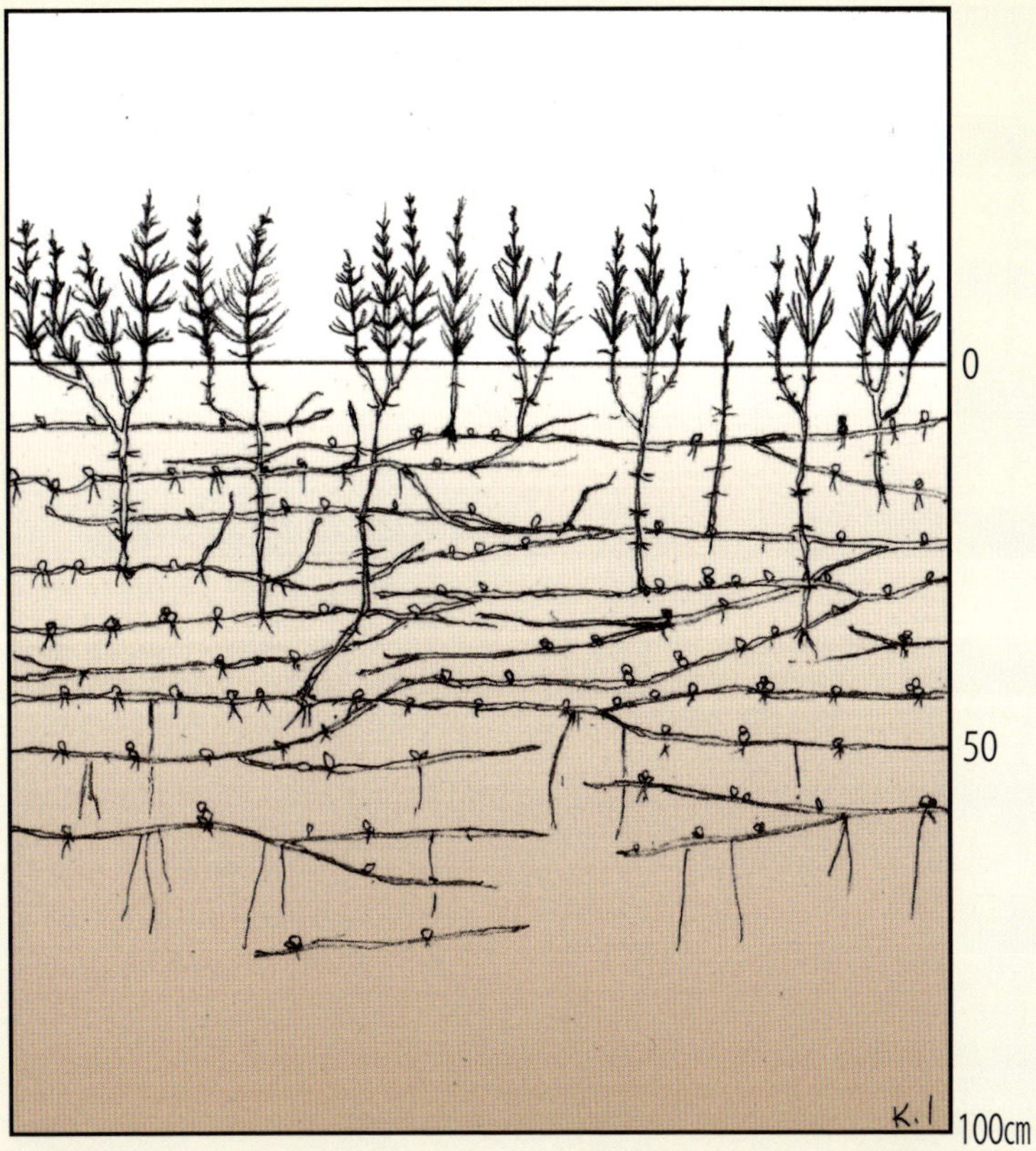

根茎は地下1m以下まで広がり（海外では地下3mほどまで見られたという報告もある）、重量は地上部の5倍以上に及ぶ。表層よりも深さ30cm以下の地下のほうが根茎の量は多い

根茎の断片から芽を出して5カ月生育した個体

雑草こぼれ話 2

「酸性土壌を好む」はウソ

浅井元朗《もとあき》

　スギナは酸性土壌を好むとよくいわれていますが、これは誤りです。実際には、中性や弱アルカリ性の土でもスギナは旺盛に生育し、強酸性土壌ではむしろ生育不良になります。

　確かにスギナが繁茂しているアゼや法面は酸性土壌であることが多いのですが、それは耕起されず、土壌改良資材も施用されていないから。

　一方、畑地は作物を栽培するため土壌改良が施され、土は中性に近い条件になっています。スギナの好む土壌条件ですが、年に何回か耕起され、人の手が入るため繁茂しにくい状態です。結果的に、スギナは酸性土壌を好み、中性または弱アルカリ土壌は好まない、ように見えるというわけです。

（農研機構東北農業研究センター）

セイタカアワダチソウ

根茎は浅い土壌に水平に広がる。11月の終わり頃からロゼットを形成して越冬。翌年4月頃からロゼットが伸長する

キク科

分類：根茎系
繁殖：種子、根茎断片
分布：北海道〜九州
地上部生育期間：4〜12月
開花・結実：10〜12月

主に耕作放棄地などに繁茂。根茎の持つアレロパシーにより単一群落をつくる。頻繁な耕起により衰退するが、秋冬期以外に耕起すると、根茎断片から一気に再生して数が増えやすい

根茎には2〜3cmおきに節が見られる。
この節からシュートを生じる（依田賢吾撮影）

開花した地上部。1個体当たり4万個もの種子をつける。定期的な草刈りにより、昔に比べて背が高い個体は減った。とはいえ、地上部は大きく、群生するため、刈り払いはとても大変

ヒルガオ

ヒルガオ科

分類：根茎系
繁殖：根茎断片
分布：北海道〜沖縄
地上部生育期間：4〜10月
開花・結実：6〜8月

畑や樹園地などで有用植物に絡みつき、光合成を阻害する。種子はほとんどつくらず根茎断片で繁殖し、客土に混ざったり機械に絡みついたりして別の場所に侵入する

深い根茎は見られず、地下30㎝ほどに大部分が分布する。根茎は冬期に部分的に枯死し、断片化することで個体数を増やしていく

ヒルガオの花。ここには写っていないが、同科のセイヨウヒルガオと違い「苞」がガクを包み込んでいるので区別できる

雑草こぼれ話 3

ヒルガオは茎、セイヨウヒルガオは根？

ヒルガオは根茎で増えるが、セイヨウヒルガオは◆クリーピングルート系。そのためか、「除草剤の効きが違う」と伊藤先生。グリホサート系除草剤の散布試験では、ヒルガオは枯れたが、セイヨウヒルガオには効果がなかった。一方、合成オーキシン系除草剤は、セイヨウヒルガオのほうによく効いたという。

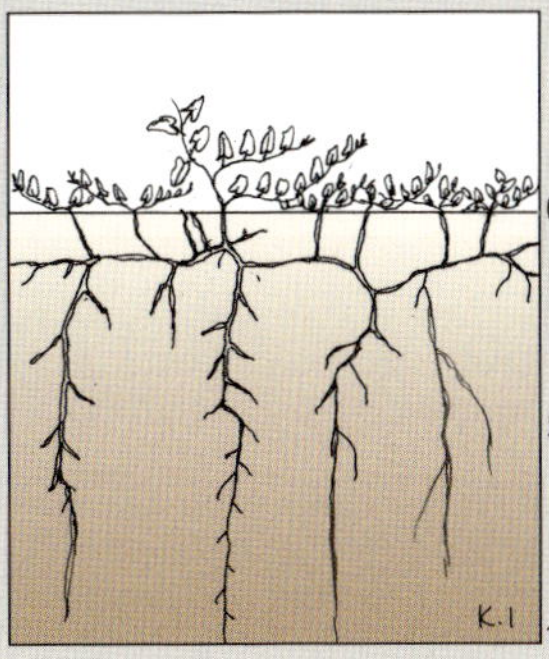

◀**セイヨウヒルガオの地下部**
10㎝程度の深さで横に根を走らせ、そこから垂直に下降させる。ヒルガオと違い非常に深くまで伸ばす特徴があり、地下4.6mまで伸びた個体も観察されている

◆マークは 83 ページにことば解説あり

ヤブガラシ

ブドウ科

分類：◆クリーピングルート系
繁殖：種子、根断片
分布：本州〜沖縄
地上部生育期間：4〜11月
開花・結実：7〜10月

つるを伸長させ、他の有用植物や作物に害をもたらす。アブラムシの宿主でもある。刈り払い機に絡みつくため伐採も困難で、一度定着すると除去は難しい

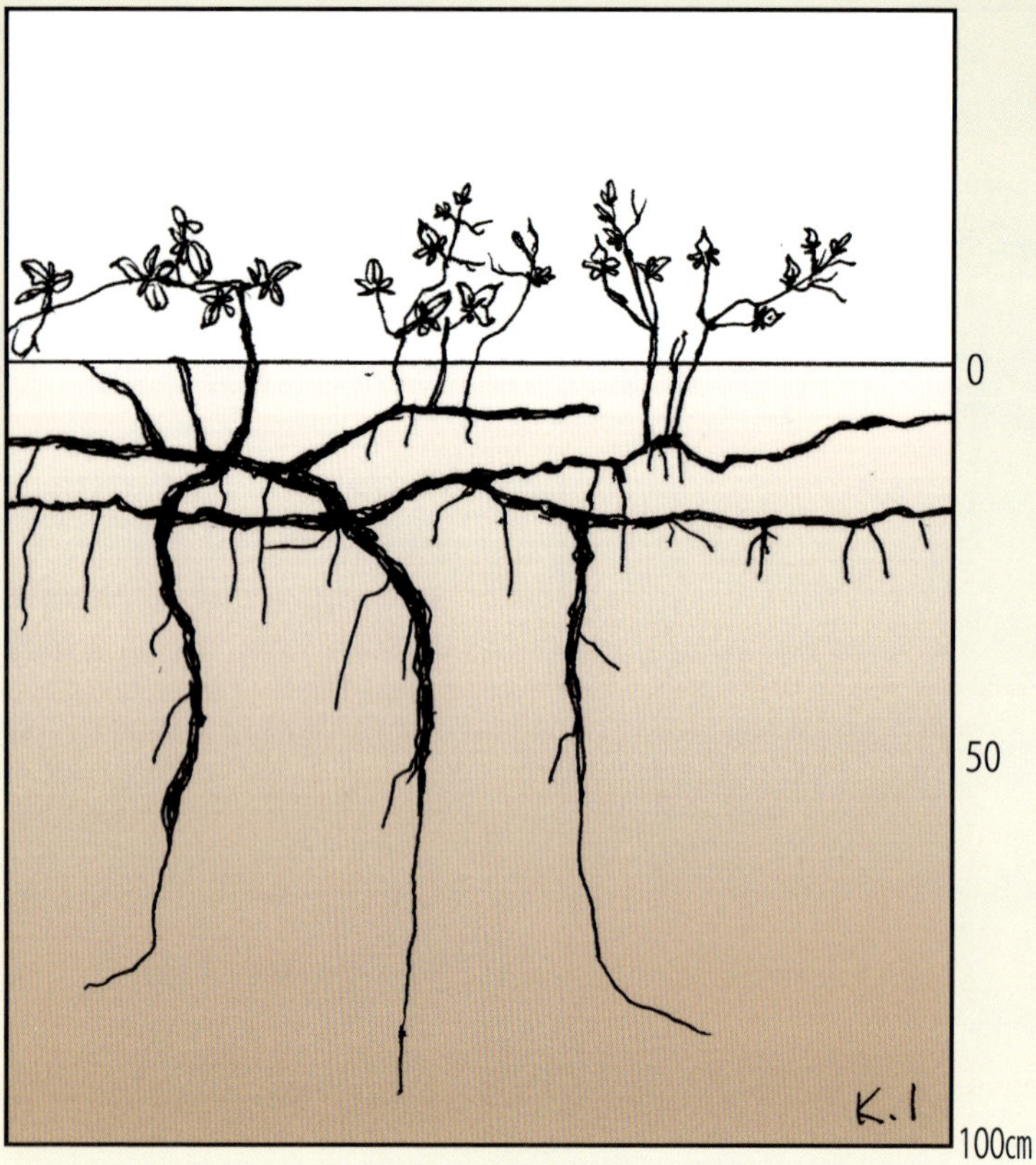

地下30cmほどまでは太い根が横走。そこから70〜100cm以上の深さまで下降する。構造の規則性が小さい。2年間で5m以上も遠くへ根を広げる

つるでフェンスに絡みついた地上部

◆マークは83ページにことば解説あり

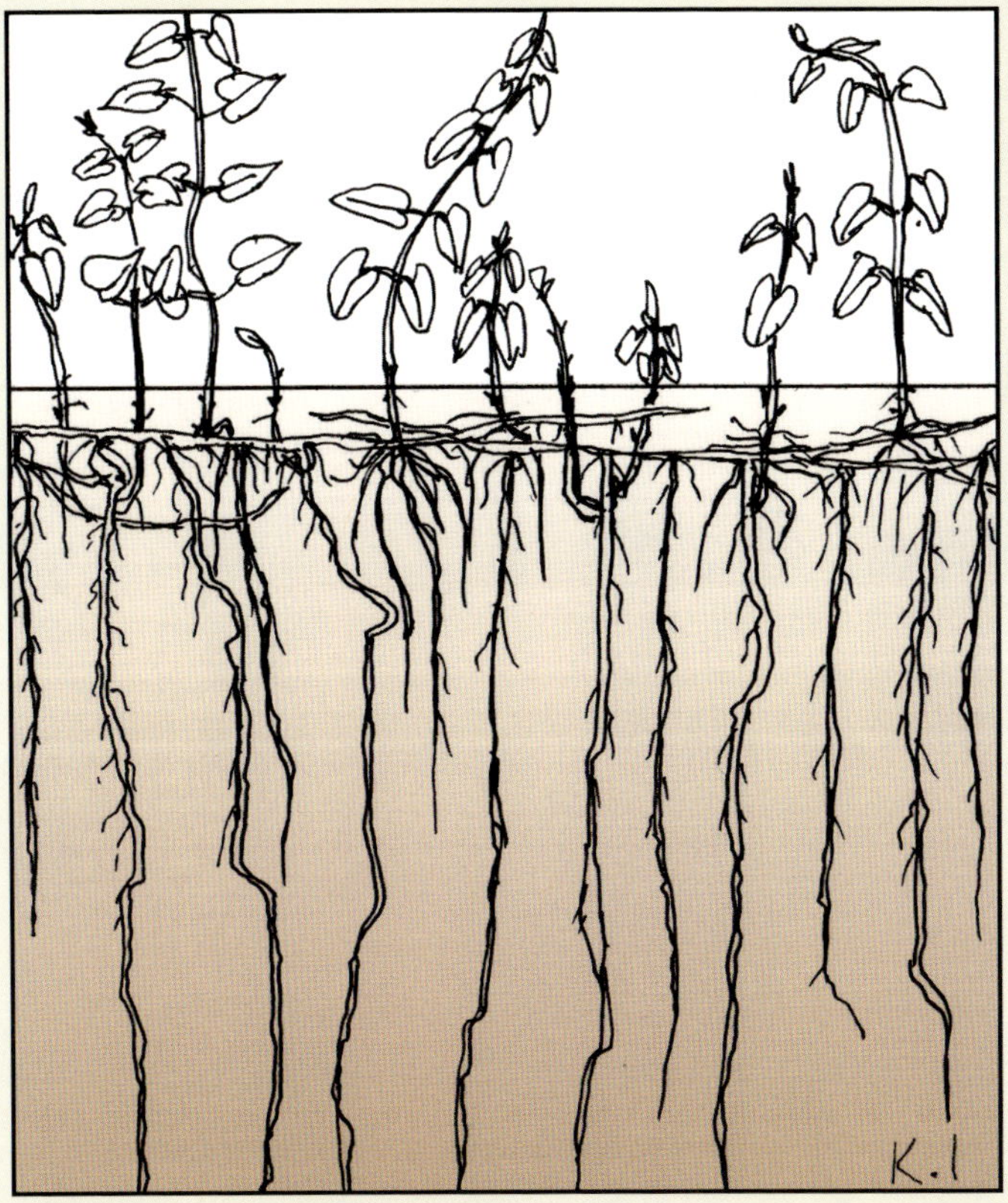

地下5～10cm程度で横走根が広がる。そこから不規則な間隔で、地下1m以上の深さまで垂直に根を下ろす

ガガイモ

キョウチクトウ科

分類：クリーピングルート系
繁殖：種子、根断片
分布：北海道～九州
地上部生育期間：5～10月
開花・結実：6～9月

飼料畑やミカン畑などで、局地的に大発生する。根断片の再生力は非常に高く、5cm以上の断片では80%以上が萌芽する

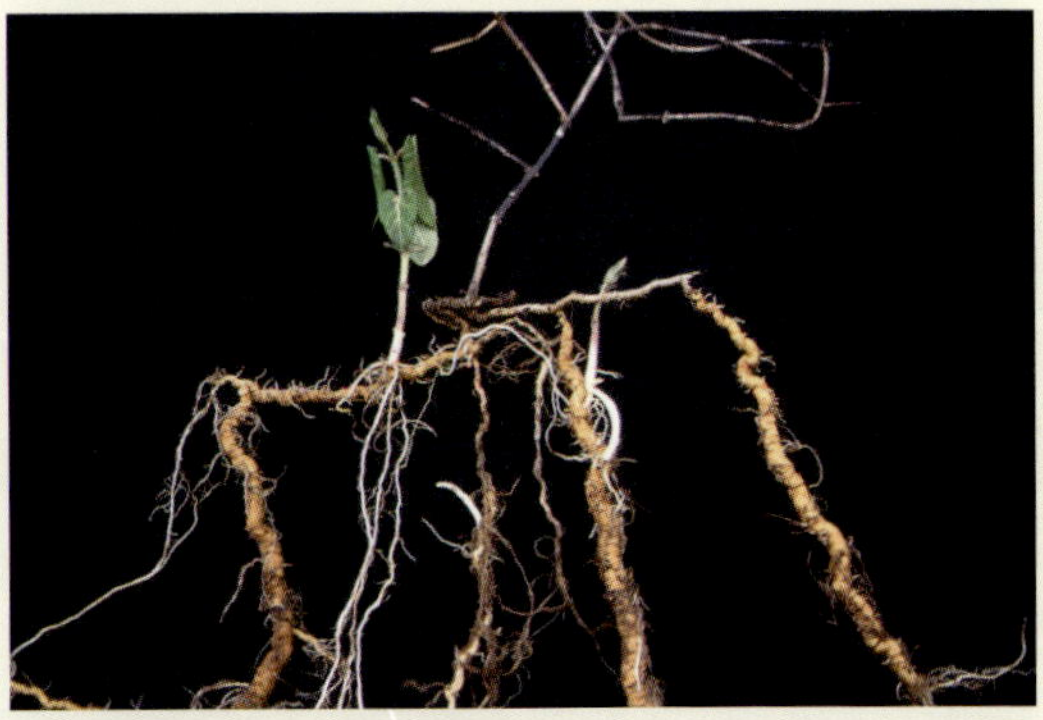

なめらかな根の他に、表面がボコボコした根も持つ（貯蔵根としての役割があると思われる）。どちらの根からもシュートが盛んに萌芽する

飼料畑で繁茂するガガイモ

コウブシ（ハマスゲ）

花が咲いたところ（写真提供：浅井元朗）

厄介なコウブシはサツマイモ緑肥で抑える

千葉県横芝光町・若梅健司さん

嫌われものの代名詞

トマト・メロンづくりの大ベテランである若梅健司さん（88歳）に雑草のことを尋ねると、畑の草で一番厄介なのがコウブシ（ハマスゲ）だという。

「ここらでは昔から『畑のコウブシ、田のヒルモ』といって、この二つは嫌われものの代名詞なんですよ。例えば、しつこくて嫌な人のことを『あいつはコウブシだ』という。それくらい嫌われている草だってことなんです」

コウブシは地下茎を張り巡らせて次々に増えるので、取っても取っても取りきれない。放っておくと夏には畑一面がこの草で絨毯みたいに覆われてしまう。

「トラクタで一回うなったくらいじゃ、ぜんぜんダメ。地下茎が深いから除草剤もきれいには効かない」

サツマイモで覆ってしまう

しかし若梅さん、あるとき、コウブシの抑え方がわかったそうだ。その方法というのは、サツマイモを植えること。品種はできれば草勢の強い農林1号がいいが、ベニアズマやベにはるかなどでもいいという。

千葉では5月上旬頃、コウブシがまだ小さいうちにサツマイモを植え、6月頃に10a2袋ほどの硫安を追肥する。すると、サツマイモはコウブシよりも早く生長し、葉が繁茂して地表面を覆ってしまう。その状態で秋までおくと、コウブシは光合成ができずに枯れていき、地下茎もすべて朽ちてしまう。

「夏の間に地表面を覆ってやればコウブシは根絶できます。ただ、サツマイモは肥料をやるとイモが太らないから、緑肥みたいなものですね」

サツマイモ緑肥をすき込んだ畑は、どんな野菜でもよく育つそうだ。編

若梅健司さん。メロンの育苗ハウスにて

多年生雑草の叩き方

刈り払い＆除草剤のベストタイミングは？

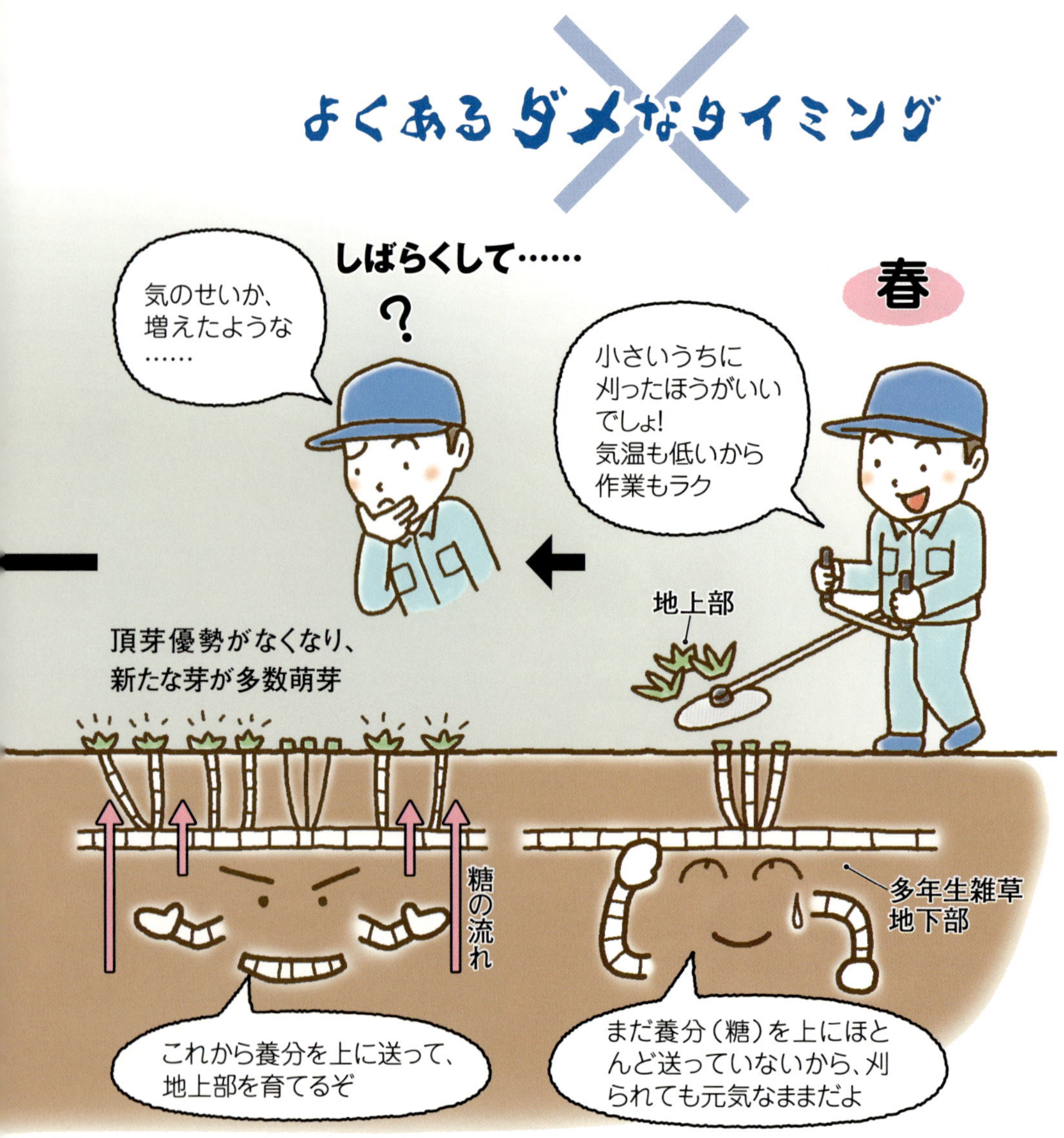

早期の刈り払いはダメ

さて、多年生雑草の本丸が地下部であることはわかった。では、いったいどうすれば、ここに手痛い一発をくれてやれるのだろうか。

上は、2回草刈りでのダメな管理の例。伊藤操子先生によると、暑い時期の重労働を避けるため、このように涼しい時期に2回刈り払って管理しているケースは多いという。

まずは、春の刈り払い。一見、小さいうちに刈り払ったほうが効果は高そうだが、この時期はまだ、地下部にたっぷり貯まった養分が、地上部にほとんど送り込まれていない。地上部を刈っても、地下部の消耗は少ないのだ。それどころか、刈り払いで頂芽優勢

◆マークは83ページにことば解説あり

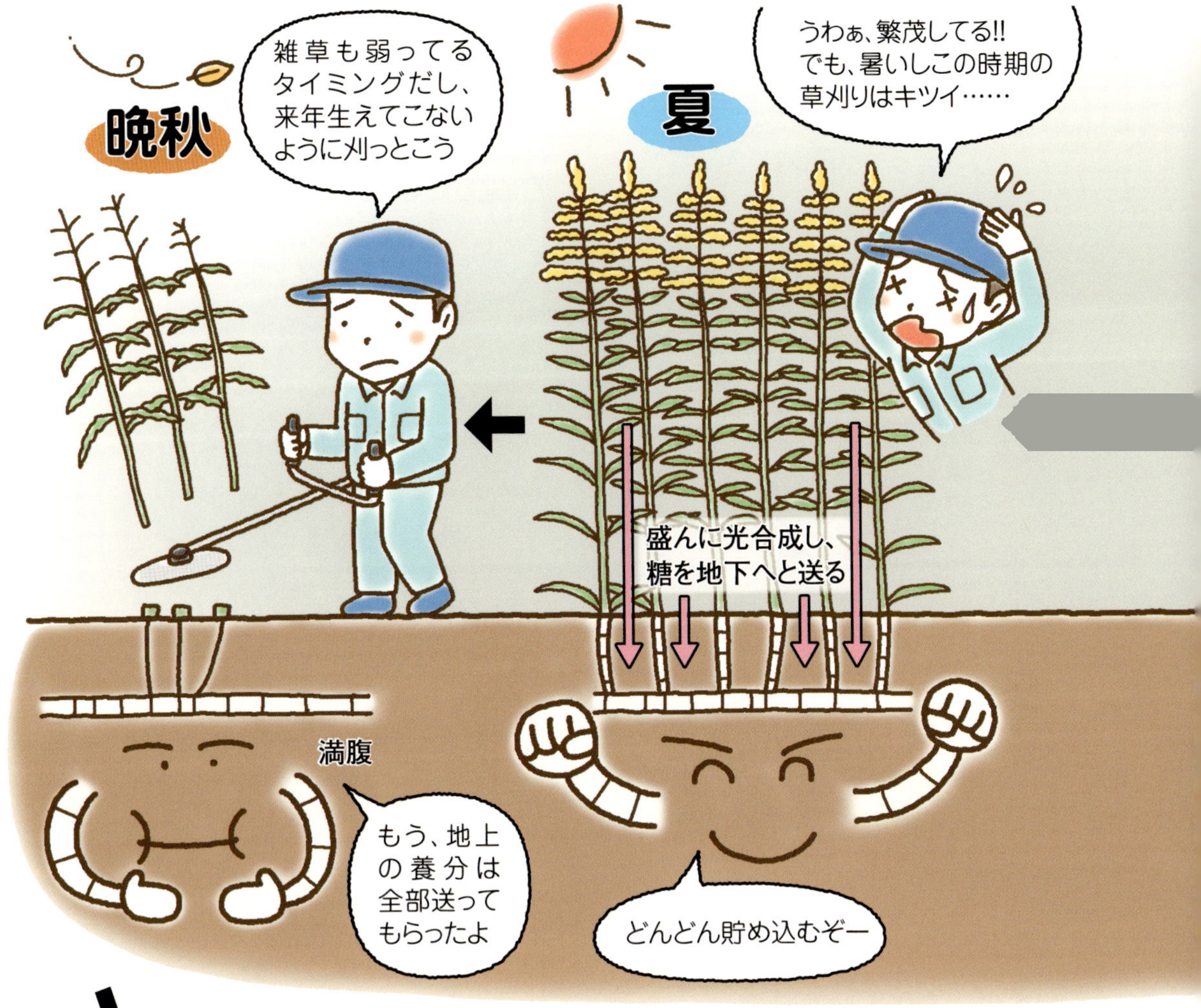

（先端の芽の生長が優先されること）が失われて新芽が一斉に伸び、株が増える場合もある。

一方、晩秋の刈り払いでは、雑草は地上部の養分を越冬に向けて、地下部に送り込み終えている。地下部は翌春、その養分を使ってまた地上部を形成する……というわけだ。

刈り払いは養分転換期に

では、どうすればいいのか。伊藤先生に聞いてみると「それは場合にもよりますが……」と前置きしたうえで、一つの考え方を教えてくれた。「あくまで理論上……ですが、養分転換期を狙った刈り払いや秋口の移行性の除草剤処理は、効果が高いはずなんです。せやから、これらを組み合わせたら、効果は上がると考えられます」。

むむ、養分転換期とはなんじゃらほい？　先生によると、多年生雑草の地上部は伸び始めの頃は光合成能力が低く、生長のため地下部の養分（糖）を使い込むんだそうだ。しかし、ある程度大きくなると、今度は茎に貯め込んだ糖を、地下部に送るようになる。まるで、孝行息子が育ての親に仕送りするように、だ。初期は養分が下から上に流れ、途中からは上から下に流れる。この境目、親離れ（?）の時期を養分転換期と呼ぶらしい。

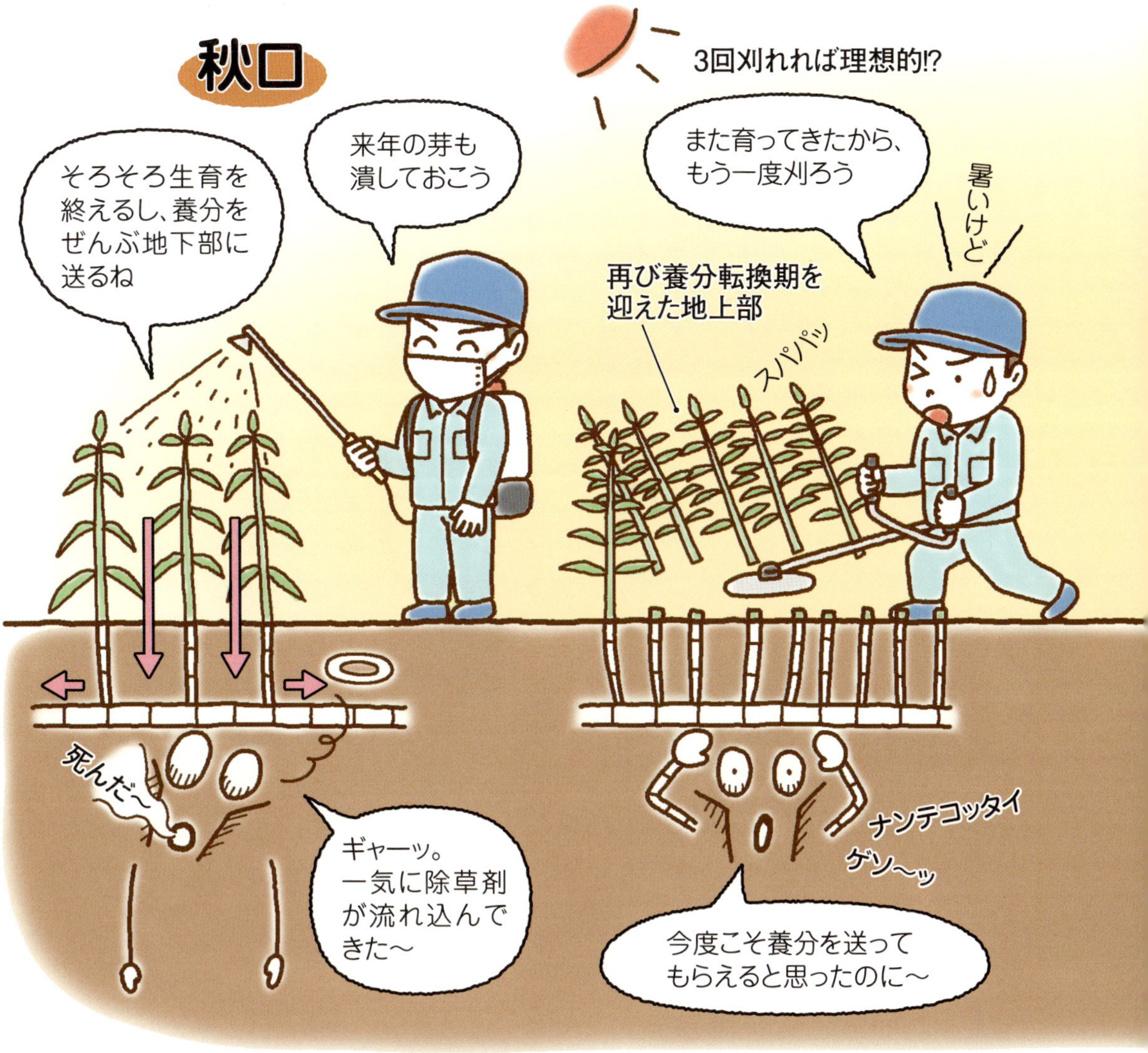

ここを狙って刈れば、地下部が一番消耗したタイミングで叩くことができる。芽は再生してくるが、その芽が育ち再び養分転換期を迎える頃に、またもやバッサリ。何度か繰り返せば、地下は確実に消耗していく。そして、ヘトヘトの地下部に移行性の除草剤を送り込み、芽まで潰せば万全だ。

刈り払いの時期と地下部への蓄積の関係

（セイタカアワダチソウの例、前中2001より伊藤作成）

刈り取り時期	草高		花序形成	地上シュート数	地下部の蓄積（＊）
	刈り取り時	生育終了時			
6月	100㎝	80㎝	正常		94
7月	140㎝	70㎝	正常	増加	97
8月	180㎝	60㎝	小型化	増加	67
9月	200㎝	20㎝	なし		100

＊生育終了時の地下部の残存量。9月刈り取りに対する比数

8月の刈り取りで、地下部に貯め込む養分が他の時期よりも少なくなった

多年生雑草に用いられる各種除草剤

種類	作用点・作用機構など	適した雑草など	主な製品名
グリホサート	◆根茎先端部まで移行し、アミノ酸の生合成を阻害。生長点からの萌芽を抑える	非選択性だが、多年生についてはイネ科に対してより効果が高い傾向がある	ラウンドアップ、サンフーロン、グリホエースなど
アシュラム	根茎先端部まで移行し、葉酸の生合成を阻害。生長点での細胞分裂・萌芽を抑える	多年生については、イネ科雑草より広葉雑草に効果が高い傾向がある。ワラビやスギナには最適	アージラン、アースランなど
合成オーキシン系	高濃度処理すると、生長点で細胞分裂・萌芽を阻害する	広葉雑草を選択的に枯らす。つる性雑草や◆クリーピングルートを持つ雑草に効果が高い	2,4-D、MCPソーダ塩、ザイトロンなど
ALS阻害剤（SU剤など）	アミノ酸の生成を阻害し、生長点からの萌芽を抑える	生育初期処理で効果が見られるものが多い。広葉雑草、カヤツリグサ科に効果が高い	ハーモニー、シャドーなど多数
ACCase阻害剤	細胞に必要な、脂肪酸の合成を阻害する	イネ科にとくに効果が高い	ワンサイドPなど

『多年生雑草対策ハンドブック』掲載の表（伊藤操子作成）を改変。この種類に入る剤でも、多年生雑草に効かないものがある

除草剤は糖の流れに乗せて

先生によると、除草剤は秋口、というのにも理由があるという。多年生雑草対策で有効な、吸収移行型茎葉処理剤（茎葉から浸入し、芽まで移行して発芽を阻害する）の特性を考えてのことだそうだ。

曰く、「これらの剤は糖の通り道である『師管』を通って、茎や根を移行します。せやから、糖の流れに従って動きやすい。地下の芽に成分を届けるためには、下への糖の流れが盛んな時期、つまり養分転換期以降がええんやないかと思います。とくに、秋口は地上部が生長をやめて、越冬に向けて養分を地下部にごっそり移行させるので、剤も移行しやすい時期やと思いますよ」。なるほど！

養分状態とタイミングを意識することで、多年生雑草の防除効果は大きく上がりそうだ。編

◆マークは83ページにことば解説あり

多年生雑草地上部・地下部の生体重の季節消長
（セイタカアワダチソウの例、
樫野・伊藤1996を参考に編集部で作図）

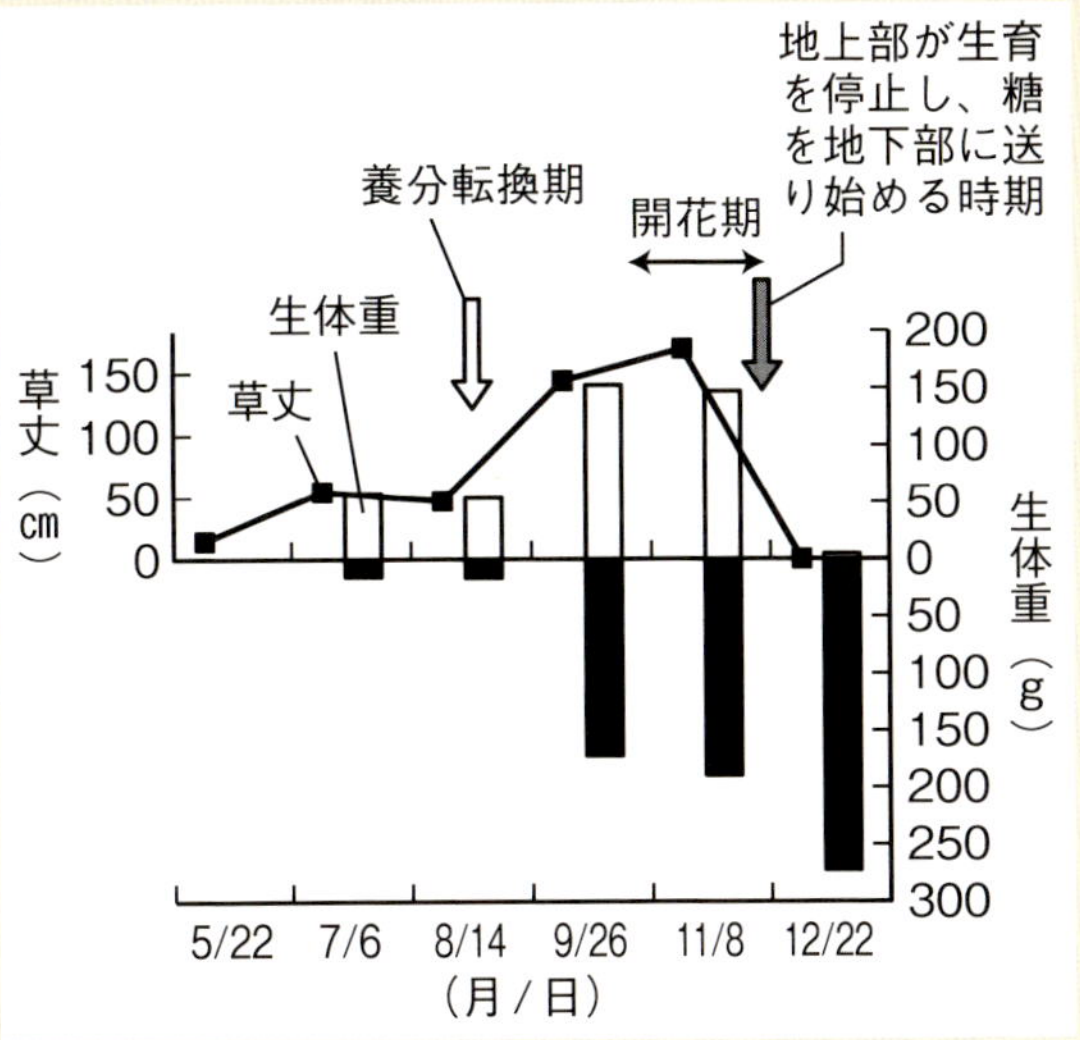

養分転換期や地上部の生育停止時期の後には地下部の生体重が増えており、地上部からの養分転流が盛んになったことがわかる

地上部・地下部の実測データ

他の多年生雑草でも、基本的には似たような消長を示す（細かい時期などは異なる）。地下部調査は労力がかかることもあり、学術上も知られていないことが多い。刈り取りや除草剤による地下部へのダメージも、実際のところよくわかっていない。掘り取り調査により地下部の生体重を実測した本データは、なかなかない貴重なものだ。

吸収移行型茎葉処理剤のあるある失敗

よく効かせようとして、逆に効果を弱めてしまうこともある。糖の流れと、剤の特性を意識して使いたい。

倍率をとても濃くする

剤は生きた細胞（師管）を通って運ばれるので、地上部が早く死んでしまうと流れが止まる。速効性の剤との混用や、処理後の地上部の刈り払いも同様

薄くして、大量にまくのはNG。茎葉にかからないと浸透しないのに、大量に地面にこぼれてしまうとムダだし効果が落ちる

休耕田のスギナ 確実な叩き方

浅井元朗《もとあき》

0や9などのマークはHRACコードと呼ばれるもの。詳しくは142ページ。

スギナの生態

地下1mまで伸びる根茎

防除が困難な多年生雑草◆のなかでも、もっとも厄介なのはスギナといえるでしょう。

私たちがふだん目にするスギナの茎葉は、じつはスギナ全体のごく一部にすぎません。スギナの地下部は非常に発達し、地下50cm以下に旺盛に根茎◆を張り巡らせ、1m以下の深さに達することも普通です（31ページ）。スギナは地下部こそが防除すべき本体なのですが、ロータリで耕しても爪が届かず、その下からまた茎葉を再生させてきます。

1年間の生育パターン

左ページの写真は、スギナの1年間の生育パターンです。

春、スギナは地下の根茎から胞子茎（ツクシ）を萌芽させます。4～5月頃からツクシと入れ替わるように続々と出てくるのが栄養茎（スギナと呼ばれる地上部）で、5～6月にかけて旺盛に生育します。

夏以降は大型の夏生雑草が繁茂し、スギナの茎葉は目立たなくなりますが、刈り払いや除草剤などで他の雑草が除去されると、生き残ったスギナが生育を続けます。そして茎葉を繁茂させて稼いだ栄養分を地下に送り込み、地下に新たな根茎を伸ばします。

秋から冬にかけて、スギナの茎葉は次第に衰退しますが、その間に送り込んだ栄養分で根茎がどんどん発達し、地表に向かって伸びます。茎葉がすっかり枯れた初冬、地表には翌年のツクシ（越冬芽）が、すでに顔を出してきます。

◆マークは83ページにことば解説あり

スギナ地上部の１年間（時期は東北南部の例）

ツクシの萌芽
4月上旬

スギナ（栄養茎）の
萌芽　5月上旬

生育盛期
5月下旬～6月上旬

夏草の刈り取り後に
再生　8月下旬

降霜で枯死した茎葉
11月中旬

地表面で越冬する
ツクシ　12月上旬

スギナの叩き方

ロータリ耕では増える

じつは、この「越冬芽」が地表付近に集まっている時期こそが、スギナの防除適期、叩きどころなのです。

まず前提として、多年生雑草を作物の作付け中に防除するのはとても困難です。畑作物の作付け時に使用できる除草剤は「◆一年生雑草」対象のものがほとんどです。また、刈り払い機などで地上部を除去しても、多年生雑草は地下からすぐに再生してしまいます。かといって、年に1回程度ロータリをかけても、地下の根や茎を切り刻み、むしろ圃場全体に広げてしまいます。

グリホサート剤でも逆に増える

休耕畑の多年生雑草対策としては、夏～秋に吸収移行型の非選択性茎葉処理除草剤（「ラウンドアップ」などグリホサート剤[9]）を散布してから耕耘、という管理方法がよく知られています。しかし、この方法ではスギナの根絶はできません。

　確かに、グリホサート剤は成分が雑草の地下部まで移行し、根まで枯らすことができます。例えばグリホサートカリウム塩液剤（ラウンドアップマックスロード）では、スギナの生育最盛期、6月頃に1500〜2000㎖／10aで処理すれば地下の根茎まで枯れます。

　しかし、夏から秋にかけて、セイタカアワダチソウやヨモギなど他の雑草が生えていると、同じ液量を散布してもスギナに十分かからず、生き残ってしまいます。「多年生雑草」の登録薬量（500〜1000㎖／10a）を散布した場合も同様です。

　いずれも他の雑草が枯れてスギナは生き残るため、翌春以降、むしろスギナが優占してしまうのです。

秋から冬にかけて地表面に向かって伸びるスギナの根茎（撮影は12月下旬、福島市）

塩素酸塩粒剤の冬処理で叩く

　ではどうすれば叩けるのか。東北の休耕地で試験した結果、スギナは晩秋期に塩素酸塩粒剤 0 （「クロレートS」「クサトールFP粒剤」「デゾレートAZ粒剤」）を処理することで、地下部まで枯らせることがわかりました。全国の休耕地で活用できるスギナの除草技術です。

　「クロレートS」や「クサトールFP粒剤」「デゾレートAZ粒剤」は「休耕田」に登録があり、多年生雑草に効きます。

　「雑草生育期」であればいつでも使えますが、スギナへの効果が高いのは11月以降、越冬芽が地表にある冬生雑草の生育期です。積雪期間は除きますが、春先までに散布すれば、萌芽してくるはずのツクシを抑えることができます。

　この時期に粒剤を散布すると（散布量は30〜40kg／10a）、雨水などに溶けた成分が酸化作用によってスギナの越冬芽を枯死させます。地表面で春を待つスギナの越冬芽は、冬の間、地下深くの根茎（スギナの本体）にまるでシュノーケルのように酸素を送り込んでいるのではないでしょうか。越冬芽を枯死させれば根茎が呼吸できなくなり、死滅してしまうと考えられます。本体が死滅するため、翌年もスギナの再生を抑制することができるわけです。

キクにも登録拡大

塩素酸塩粒剤は粒剤なので、散布時に水が不要で、散粒器がなくても手で散布できます。除草効果は処理後2カ月程度持続するため、作物を作付けるのは散布後3カ月たってからにします（3月以降に作付け予定なら年内に散布する）。

塩素酸塩粒剤の農耕地での登録は「休耕田」と「水稲刈跡」「水田畦畔」に限られていましたが、「クロレートS」と「クサトールFP粒剤」では、「きく」の収穫後にも使えるよう、登録が拡大されました。

（農研機構東北農業研究センター）

＊詳しい試験結果などは、農研機構技術紹介パンフレット「除染後畑地のスギナ防除対策（改定増補版）」を検索、ダウンロードしてご覧ください。

スギナ繁茂圃場における晩秋の除草剤処理の効果
（撮影時期はいずれも翌年5月）

除草剤無処理区

さまざまな雑草が生き残っている

11月中旬にラウンドアップマックスロードを散布した区(2000mℓ/10a)

他の雑草が除草剤で枯れ、生き残ったスギナだけが増えて優占している

11月中旬にクロレートS(塩素酸塩粒剤)を散布した区(40kg/10a)

他の雑草はもちろん、スギナもしっかり抑えられた

クロレートSの秋処理をやってみた

秋にクロレートSを散布後、12月の様子。除草効果は2カ月程度持続するため、作物を作付ける3カ月前に処理する。また非選択性除草剤なので、休耕田畑や田んぼのアゼなどでは使えるが、作物の近くでは使えない

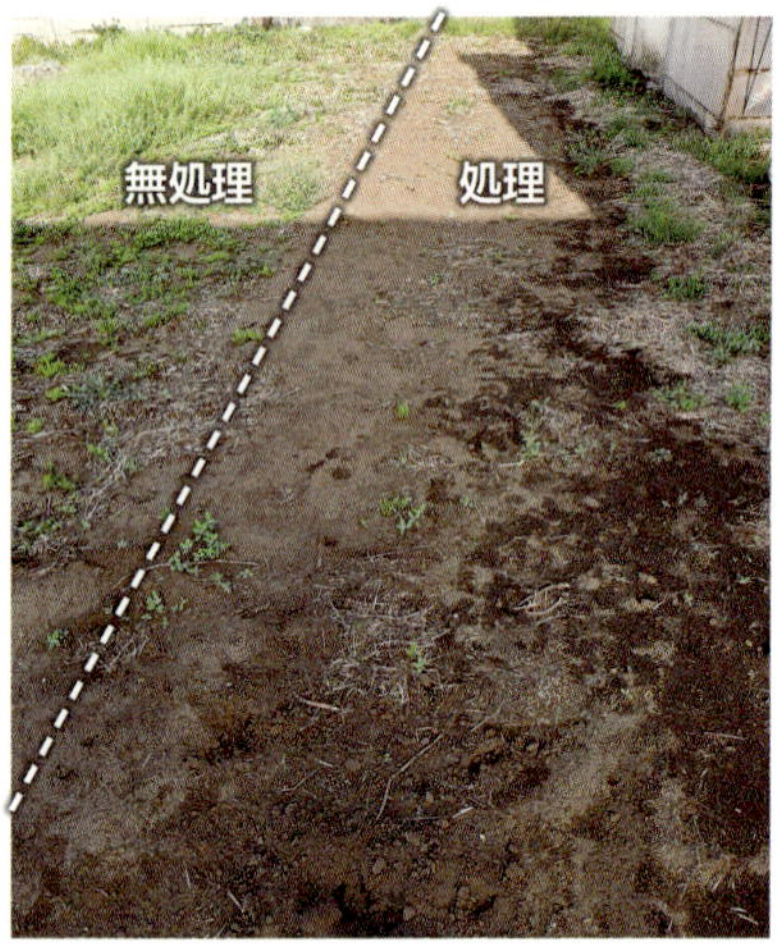

耕耘していないハウス入口のスギナはかなり叩けた

4月。処理区はスギナの発生をかなり抑えたが、生き残ったのもあった

＊スギナが酸性土壌を好むというのはウソ。中性や弱アルカリ性の土でも旺盛に生育し、強酸性土壌ではむしろ生育不良となる。

44ページの「休耕田のスギナ確実な叩き方」は、画期的な技術だ。

ポイントは二つ。スギナの根茎◆がどんどん発達する秋から冬にかけて除草剤を使うこと。除草剤はラウンドアップ9（グリホサート系）などではなく、塩素酸塩粒剤0（「クロレートS」「クサトールFP粒剤」）を使うこと、である。

スギナに覆い尽くされた休耕畑でさっそく試した農家もいる。上の写真をご覧あれ。秋に散布するとスギナは枯れて真っ白な絨毯となり、今春の発生をかなり抑えることができた。ただし、スギナが群生した場所も一部ある。この畑では以前、スギナが出るたびに耕耘を繰り返していたそうで、掘ってみると根茎がかなり深い位置まで張っていたとか。薬剤の散布ムラがあったり、薬液量が少なくて深くまで届かなかった可能性もありそうだ。編

◆マークは83ページにことば解説あり

除草剤に尿素を混ぜると見事に枯れる

栃木県鹿沼市・山崎 英さん

野菜農家の山崎英さんは、除草剤に尿素を混ぜて効きをよくし、経費も浮かしている。そもそものきっかけは、「尿素をまくと、2時間ほどで作物に吸収される」と知ったから。雑草に対しても同様で、除草剤と組み合わせて使えば、一緒に染み込むのでは、と考えたのだ。

試してみると、「まさしく見事に効いた」。山崎さんに、雑草ごとの体験談を語ってもらった。

*

スギナは地下茎で増える植物。上がキレイに枯れたとしても、下から復活して、また出てきやがる。吸収移行型のグリホサート系（ラウンドアップなど）の除草剤は、「根まで枯れる」って触れこみだけど、効きがおせーし、値段もたけーんだ。そこで、同じグリホサート系でも、特許切れの安いやつを選んで、尿素を混ぜることにした。

散布のタイミングは重要だぞ。スギナがまだ小さいうちは、除草剤がうまくかからないから、すぐに再生しちまう。だから、草丈が20～30cmになるまで我慢。葉が茂ってからだと、除草剤の付着量や吸収量が多くなるんで、根にも十分行き届くんだ。草は小さいうちに叩くのがセオリーだけど、スギナは違う。「大きくなったらかける」を何回か繰り返すと、ものすごく減る。編

根を枯らしたいので、吸収移行型の除草剤を使う。ある程度、大きく育ってから散布。地下部の栄養で生長する初期よりも、光合成が盛んになってからのほうが、上から下に剤がよく運ばれる

尿素を持つ山崎英さん（80歳）。娘夫婦と野菜を3.7haつくり、直売。除草剤をまくときは、背負いの噴霧器18ℓに尿素をひとつかみ入れる（赤松富仁撮影）

クズなどのつる植物

親から相続した土地が全面クズ！　長い間管理されていなかった。全国で見られるマメ科の多年生雑草（写真提供：越智和彦、以下O）

クズ大問題

まるでグリーンモンスター

越智和彦さん ほか

山を覆い、すごい勢いで畑に侵入。つるでミカンに絡みついて枯らす。ブドウの棚に巻き付いて、雪が積もれば棚ごと崩壊。他の人の農地に侵入して、迷惑をかける……。まさに、やりたい放題！　最近はその手の付けられなさから「グリーンモンスター」とも呼ばれているそうな。

なんとも厄介なつる性雑草「クズ」。日本原産で古代からある雑草だが、放棄地が増えたり、草刈り回数が減ったり、さらには温暖化でつるの勢いが増したりして、昨今急激に問題化しているようだ。

草刈りの邪魔

刈り払い機のナイロンコードに絡みついたクズ。チップソーでもなかなか切れない！（依田賢吾撮影、以下表記のないものすべて）

絡みついて引き倒す

獣害ネットに絡みついたクズ。広い葉で、風を受け、ネットやフェンスごと引き倒す

虫や病気の温床

クズはあの嫌〜なカメムシの温床！　ダイズ畑や水田近くで繁茂すると、食害や斑点米が増える原因となる。クズがさび病や葉枯病などに感染し、作物に伝染させることもある

獣害を呼び寄せる

塊根はイノシシの好物。掘り起こしにより畦畔が崩れたり、作物への食害を呼ぶ。軟らかい当年生茎はシカの好物（編）

まるでゾンビ、バラバラにされてもそれぞれ復活

当年生茎
多年生茎
（昨年生えたもの）

吉村聡子さんの畑周りで観察。クズには今年伸びた「当年生」の茎と昨年以前から伸びていた「多年生」の茎があり、年数が経つほど太くなり木質化が進む。根は１～２年経った多年生茎の節から多く出る。軟らかい当年生茎の繊維は葛布（かっぷ）という布の材料になる

対策するには、敵を知ることが重要だ。今回、緑地雑草科学研究所理事で雑草インストラクターの越智和彦さんに解説いただきながら、大阪府能勢町の畑や畦畔でクズをじっくり観察した。

クズは多年生の植物（宿根草）だ。最初はイモの上にある「発芽瘤《りゅう》」から発芽して、茎を伸ばして育ち始める。その後は発芽瘤以外に、昨年以前に伸びた茎（多年生茎）やその年伸びた茎（当年生茎）からも、新たな茎を伸ばして広がっていく。

越智さんによると、クズの茎には地表を這う「ほふくタイプ」と、ものに巻き付き上に伸びる「よじ登りタイプ」の2種類があるという。ほふくタイプだった茎も、木などにぶち当たるとよじ登りタイプに変化。勢いよく巻き上がって、刈るのも取り除くのも難しくなる。一番上にきた茎は、再びほふくタイプに戻って横に伸長。まるでマントのように、下層植生を覆ってしまう。「あたり一面、クズに見える」というのは、この性質によるわけだ。

そしてクズの大きな特徴が、旺盛な繁殖力。とはいっても、タネで増えることは少ないんだとか。新

クズの形態　（『クズ　その野生の正体』、伊尾木稔、1989を基に作図）

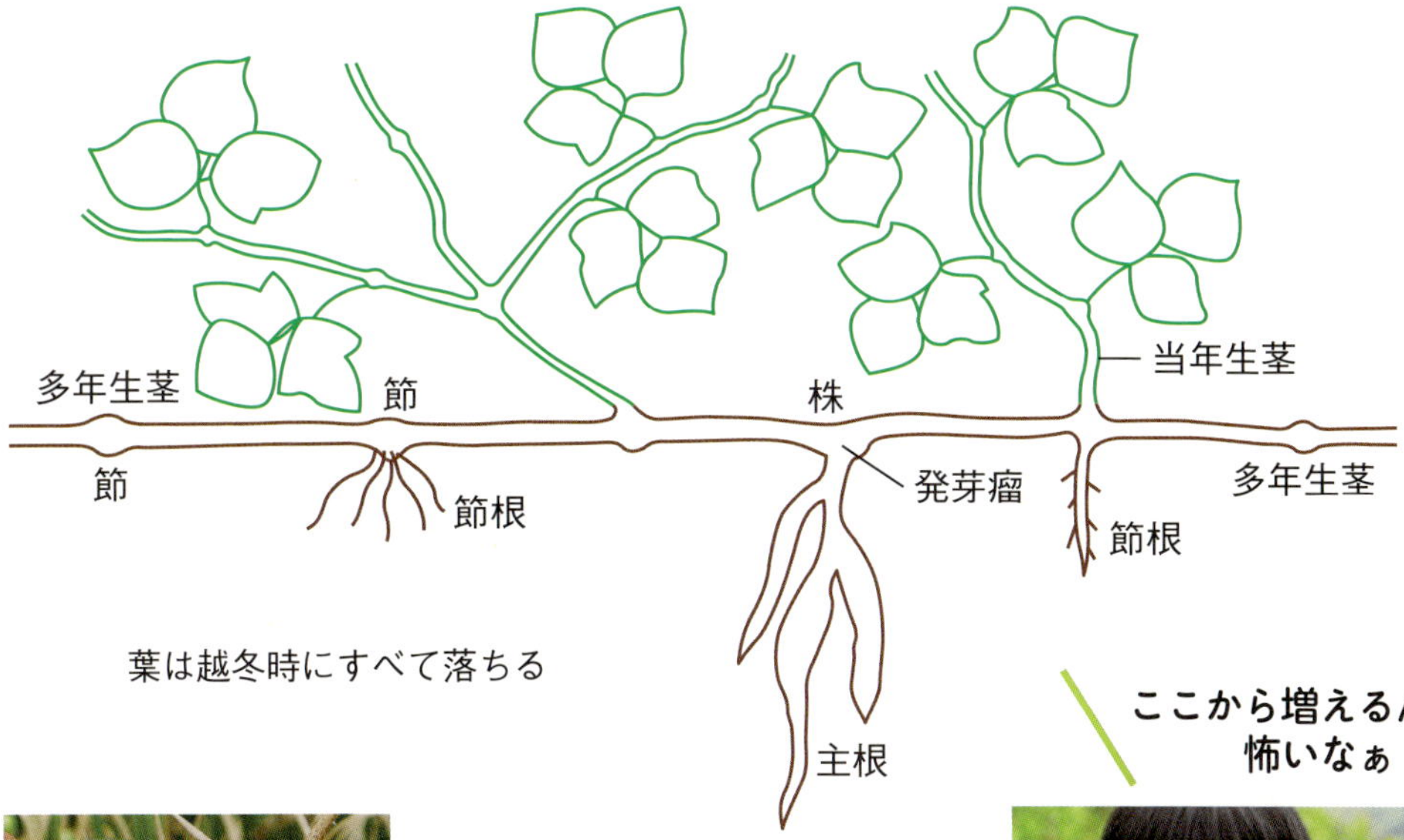

多年生茎
節
株
当年生茎
節
節根
発芽瘤
多年生茎
節根
葉は越冬時にすべて落ちる
主根

節

多年生茎の節。節間の
長さは一様ではなく、
ここでは約12㎝

刈り払い後に復活しやすいのは多年生茎の断片だが、条件がよければ写真のような当年生茎の節からも再生

ここから増えるんや！
怖いなぁ

イチゴ農家
吉村さん
節

新しい葉
または茎
複葉の葉柄
托葉
葉枕（葉の角
度を調整する）

節からは3枚セットの葉
（3出複葉）や茎、根が出る

1日で！？

梅雨明け頃には、
1日に70～80㎝
伸びます
越智さん

地下部の栄養を使い、旺盛に伸びるつる。ちなみに、クズはCO_2増加に強く反応する植物で、21世紀末の予測CO_2濃度の下では1.2～2.15倍の生体重になりそう

地表を這っていた多年生茎（ほふく性）を切って引きはがした。若く根の浅い茎なら、引きはがしにより除去できる。節では発芽瘤を形成。茎が分断されると、ここを中心に独立した株となる

クズの花。8月頃から開花する。酵母を多く含み、肝機能を助ける効果がある。乾燥させてミルで粉末にし、丸薬にして飲むといい

しい茎や葉、根の発生する茎の「節」から、クローン個体を再生して増えていくんだという。

「刈り払ったりすると、バラバラになった節から根が出て、それぞれの節が新しい株になるんです」

「ええーっ、じゃあ刈れば刈るほど増えてまうんですか！」

越智さんの解説に、土地管理者のイチゴ農家、吉村聡子さんはびっくり。とくに節から根の出た多年生茎だと増えやすく、当年生茎も湿度などの環境がよければ、節から根を下ろし新個体となるという。発芽瘤を取り払った後の塊根からも、再生することがわかっている。まるでゾンビのようだ。

クズの塊根。光合成でつくられた炭水化物がデンプン質として貯められる。解熱強壮剤として利用でき､葛根湯などに使われる。以前は広く栽培管理されていたが、近年利用が減り管理されなくなったことで雑草化。塊根もイノシシを呼ぶエサとなってしまっている
（赤松富仁撮影）

おとなしくしていてもらうには？

吉村さんの管理する畦畔。草刈りは田植え前、イネ出穂後の登熟期、収穫後の3回。ところどころにクズが生えており、出穂後の草刈り時は大部分が埋め尽くされて大変

「クズはゾンビみたいで厄介なヤツですが、吉村さんの畦畔は大丈夫。クズを十分抑えられています。もし1～2年草刈りを休んだら、つるで覆われて除草剤が必要になるかもしれませんが、年数回の草刈りを続けていけば、増えることはありません」

「いつかクズだらけになるんじゃ」と心配していた吉村さん、越智さんの言葉にほっとした様子。大変でも夏場にちゃんと刈ると、勢いを抑える効果が大きいようだ（左ページ上図）。頻繁なロータリ耕でも、大きく減らせるという。いずれある程度管理しておけば、心配はいらないそうだ。

ところが、次に訪ねた岡田正さんの畑では「刈らんでほったらかしやったけど、とくに伸びてこーへんのや」という場所があった。見ると、クズとササが混在してワシャワシャ。「これは、ササの根が先に張っているんで、クズの根が伸びず繁茂しにくいんですよ。見事にバランスがとれていますね」と越智さん。この場合、へたにササだけ枯らしてしまったりすると、拮抗状態が崩れ、クズが一気に繁茂する可能性もあるという。

クズの栄養消長
（『葛とクズ』p59、「雑草科学に基づいたこれからのクズ対策」、伊藤操子より作図）

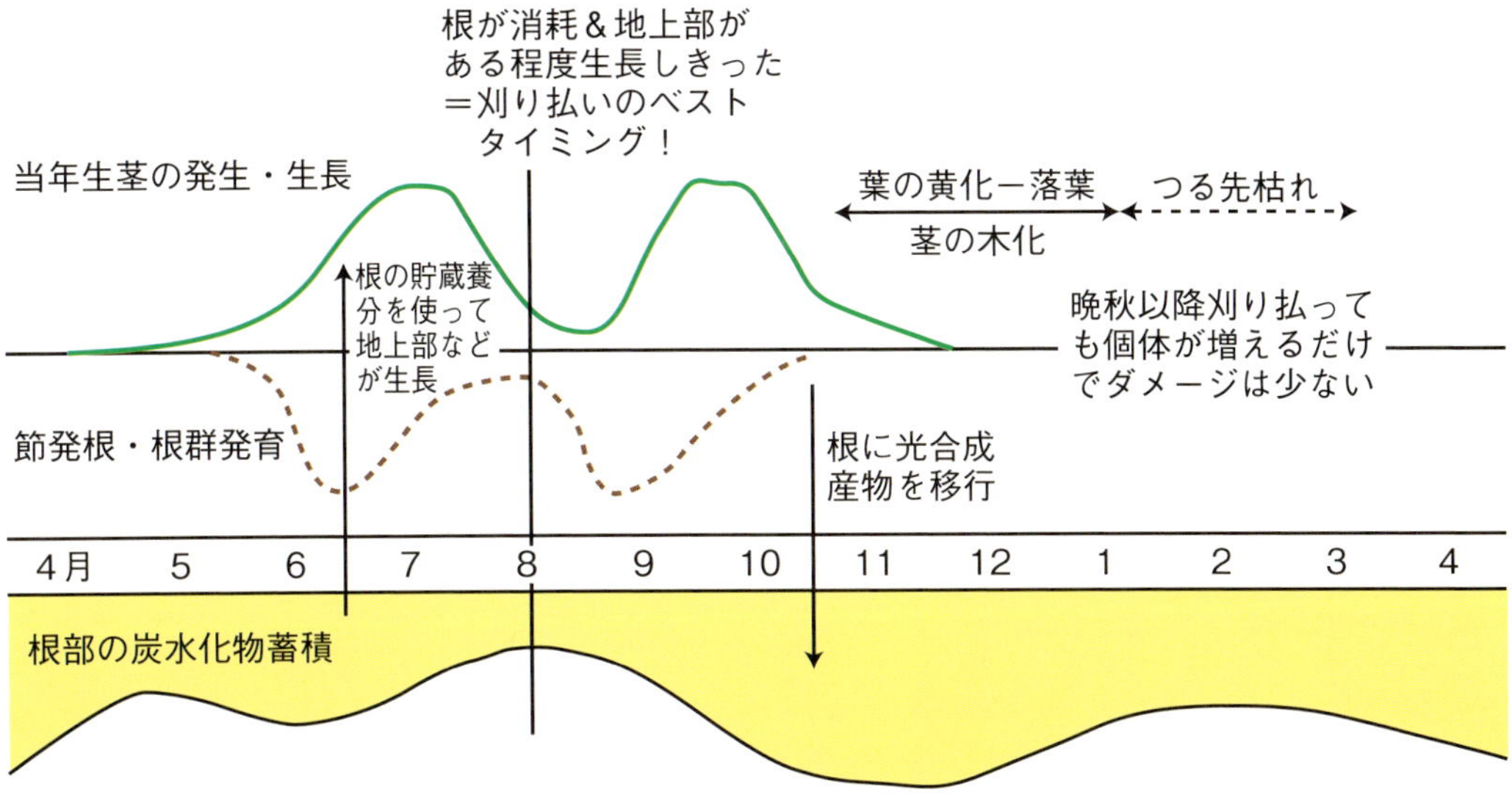

地上部を大きく生長させて地下の栄養をたくさん消耗したタイミング（7月下旬～ 8月上旬）に刈り払うと、効率的にダメージを与えられる（38ページ）。春先や晩秋だと、茎を切ることで、いたずらに個体数を増やすだけになりかねない

取材時に撮影した動画がルーラル電子図書館でご覧になれます。「編集部取材ビデオ」から。

https://lib.ruralnet.or.jp/video/

岡田さんの獣害ネット周りでは、ササとクズが混然一体。「ササが密に根を張っていると、クズが根を伸ばせず繁茂しにくい」と越智さん

最近はシカもササが邪魔で近づかへんし、変にいじらんほうがええかもなぁ

野菜農家
岡田さん

除草剤にもコツがある

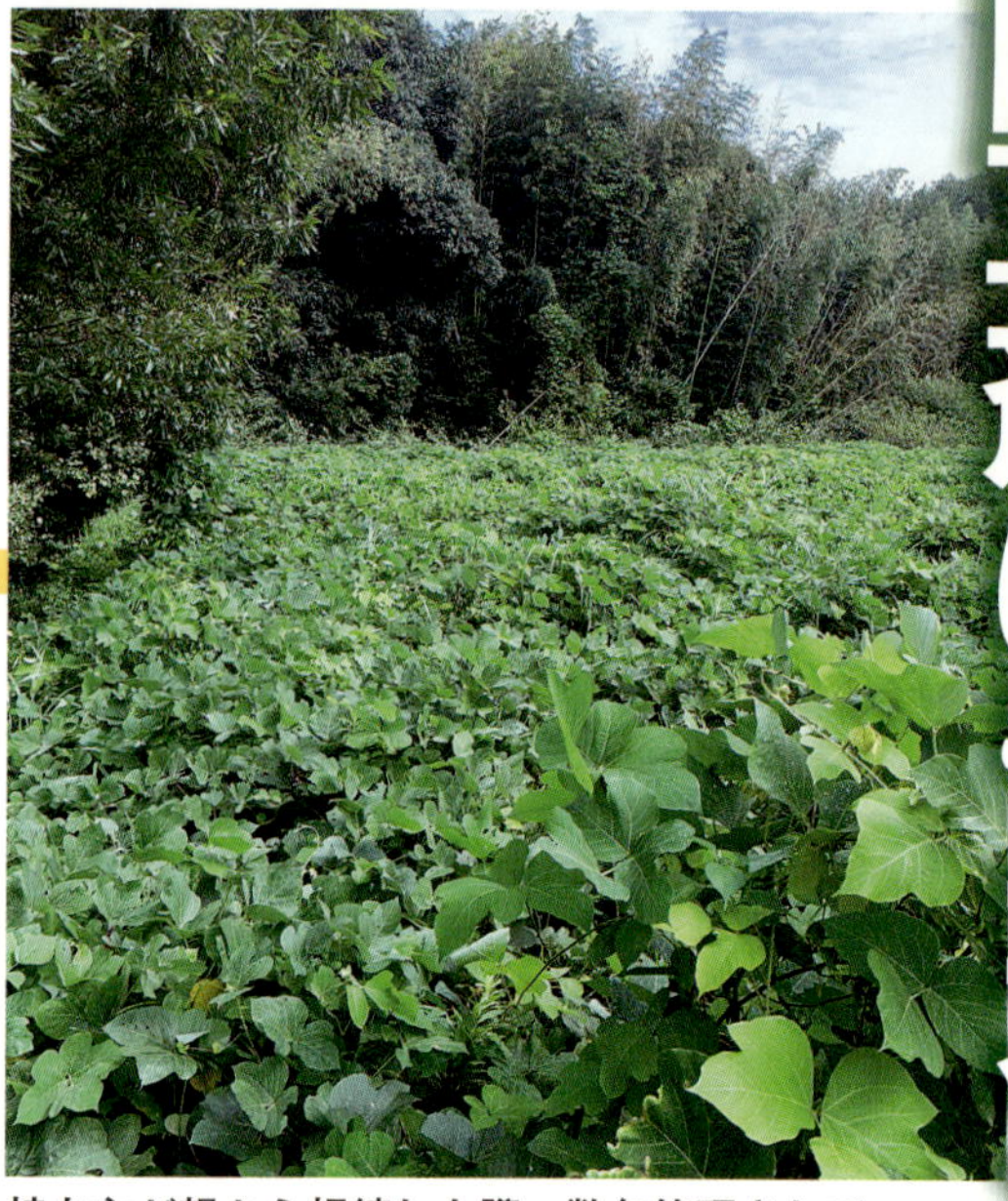

持ち主が親から相続した際、数年管理されていなかったためにクズで埋め尽くされていた土地。この先畑にする予定がないので浸透移行する茎葉処理剤のザイトロンフレノック微粒剤 0 4 を散布した（O）

半年後。大部分の株が枯れたが強い株は生き残るので、歩き回って杭などでマーク。翌年、その部分にピンポイントでザイトロンフレノック微粒剤 0 4 を散布（O）

＊クズなど広葉雑草のみ抑える場合はザイトロン 4 、下層植生のイネ科雑草も抑えたい場合はイネ科にも効くザイトロンフレノック微粒剤 0 4 、農地ではラウンドアップ 9 なども使える。

クズは除草剤をまかれても、自分で途中の茎などを枯らして根へ移行させません。頭いいですよね〜

一面に繁茂してしまったり、定期的な草刈りが難しく根絶したいような場合には、除草剤を使うことになる。クズは、畑周囲の林や法面などから侵入してくる場合が多い。こうした場所で使える専用除草剤として「ケイピンエース」2 が知られている。ただし、これは茎や根を出す株元（発芽瘤）ごとに処理する必要があり、手間がかかって大変だ。だから越智さんは、最初に「ザイトロン」4 などを全体に散布し、全体数を減らすことを勧めている。編

生態がわかったら、
ちょっと愛おしく
なってきました！

イェイ！

ドリルで穴をあけて
突き刺す

握りこぶし大で
2本が目安

それでも発芽瘤（株元にあるコブ部分）が生き残っている場合は、ケイピンエース2を処理。先が突き抜けると、そこから成分が吐き出されてしまうので注意

ケイピンエース。先端に浸透移行性のイマザピル2が塗り込まれた「除草材」。50本入りで1000円弱

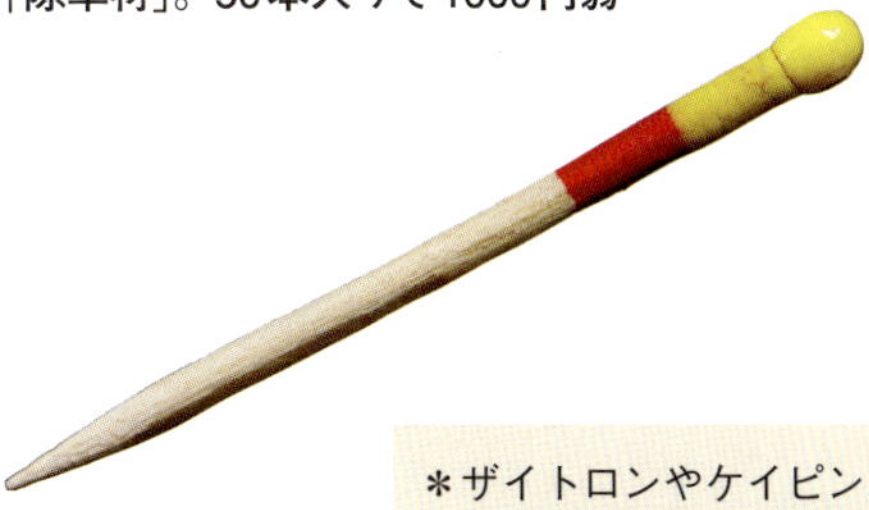

＊ザイトロンやケイピンエースは「非農耕地用」だが、この先作付け予定のない「耕作放棄地」にも使える。

あわせて読みたい

- 『現代農業』2021年7月号
  「厄介な多年生雑草　地下組織のたくらみを暴け！」
- 『現代農業』2014年1月号
  「くず粉が売れるくず湯で健康だから根っこ掘りはやめられない」
- **『多年生雑草対策ハンドブック』**

多年生雑草
対策
ハンドブック
叩くべき本体は地下にある

（伊藤操子著、農文協、2300円＋税）
2020年発刊。クズを含む多年生雑草について、生態と防除のコツを詳しく紹介。

- **『葛とクズ』**（緑地雑草科学研究所編、税込2547円）

林業でのつる植物とのたたかい方

横井秀一

フジに締め付けられたスギ。スギの生長にともなって締め付けはどんどんきつくなる

「つる切り」で立ち向かう

つる植物による被害・弊害をなくすために、私たちは刈る・切る・抜く・枯らすといった方法で対処します。そのとき、①つる植物自体を駆除したいのか、②実害を回避できればいいのか、どう考えるかによって対処方法が異なります。

林業の世界では、後者の考え方をします。ときには数haになる広い造林地で、つる植物を根こそぎ駆除することはほぼ不可能だからです。つるによる被害は、造林木の幹が曲がったり、折れたり、幹に傷や変形が生じたりすることなので、それさえ防げればよしと考えます。

アクセスの悪い造林地に足繁く通うことは困難なので、少ない作業回数で被害を防ぐ工夫をしてきました。それが「つる切り」という林業技術です。技術といっても要はつるを切って、木から外すだけ。しかし、良質な木材を生産するために欠かせない大事な作業です。

本稿では、つる切りという作業を通

して、林業におけるつるとのたたかいを紹介します。自然の中で数十年という時間をかけて木を育てるのが林業です。植えた木の生長やそれに伴う森林の発達にあわせて、長い時間をかけてつるとたたかいます。そこには、他の場面でも役立つヒントが隠れているかもしれません。

光を巡る競争では最強の存在

つる切りにおいては、守るものもたたかう相手も、植物です。植物が生きていくためには光が必要です。自然の中で植物は光を巡る競争を繰り広げています。その中で、つる植物は最強ともいえる地位にいます。

植物が光を獲得するには、他の植物の陰にならない位置にたくさんの葉をつけるのが一番です。樹木は高い位置に葉をつけるために背を高くし、多くの葉をつけるために大きな樹冠を持つという選択をしました。それを成し遂げるには、樹冠を支える丈夫な幹と枝が必要です。丈夫な幹や枝をつくるには、多大なコストがかかります。このコストは光合成によって賄います。すなわち、樹木は光を巡る競争を勝ち抜くために、光合成による稼ぎの多くを自身の体を大きくすることに投資しているのです。

これに対し、つる植物は他者の体を利用して高い位置に葉をつけるという道を選びました。他者の体に乗りかかるために、光合成による稼ぎをひたすら茎を伸ばすことに投資します。つるがあっという間にはびこるのはこのためです。細く、長く伸びた茎は、柔軟で切れにくいという特徴があります。茎が途中で切れてしまわないための性質だと考えられます。

つる植物は茎を伸ばしながら巻き付く相手を探し、巻き付いたら一気に木を覆う

敵となる三つのタイプ

つる植物は、他者の体に寄りかかるか、よじ登るかして生活します。それを可能にする四つのタイプの仕組みがあります。茎が相手に巻き付く「巻き付き型」、巻きひげによって相手に絡みつく「巻きひげ型」、茎にあるトゲや鉤を相手に引っかける「鉤掛け型」、付着根などによって相手にへばりつく「付着根型」です（62ページ）。このうち付着根型を除く3タイプが林業の敵です。

これらはどれも造林木に絡まり、樹冠を覆います。絡まれた造林木は光合成が妨げられ、真っ直ぐ上に伸びるのを邪魔されます。幹に柔軟性がある若い造林木なら、つるの重みで幹が曲がることもあります。

さらに、巻き付き型のつるは、巻き付いた造林木の幹を締め付けます。つる植物の茎はゴムのように伸びず、簡単には切れませんので、幹が太くなるほど締め付けは強くなります。締め付

つる植物の4つのタイプ

敵になるタイプ

巻き付き型 ▶

フジ、マタタビ、サルナシ、ツルウメモドキ、アケビ、クズなど。茎を造林木の幹に巻き付けながら上へ上へと伸びていく。

葉柄を絡ませながら他の植物を覆うセンニンソウ

鉤掛け型 ▶

ノイバラ、ジャケツイバラ、カギカズラなど。トゲや鉤を木に引っかけることで、ずり落ちることなく寄りかかる。ノイバラやエビガライチゴのような低木性のものは、造林木が大きくなってしまえば問題ない。

幹にへばりつくように登っていくツタ

木に巻き付いたマタタビ。花が咲く時期に葉が白くなる

◀ 巻きひげ型

ヤマブドウ、ノブドウなど。葉柄が巻き付くセンニンソウやボタンヅルなども同様のタイプ。巻きひげや葉柄が絡みつけない太さの幹には、取り付くことができない。

絡みつく相手を探しながら伸びるジャケツイバラ

敵にならないタイプ

◀ 付着根型

テイカカズラ、キヅタ、ツタウルシ、ツタ、イワガラミ、ツルアジサイなど。他のタイプと異なり、耐陰性が高いのも特徴。

けられた部分は正常に太くなることができず、そのしわ寄せで締め付け部分の上下が異常に肥大します。この変形は、つるによる締め付けがなくなったとしてもずっと残ります。雪の重みが加わったときなどに、その部分が弱点になって幹が折れることもあります。

一方で、これらと一線を画すのが、茎から細かい付着根（気根）や先端が吸盤になった短い巻きひげを出し、幹にへばりついて高いところに登る付着根型です。幹を締め付けず、樹冠を覆うことも少ないので、造林木に特段の被害は与えません。

「つる切り」のコツ

▼手鎌や鉤型の鉈で切る

植えてすぐの造林地では「下刈り」がつる切りを兼ねます。このとき、ふつうの植物は刈り払うだけで済むのですが、つる植物は造林木に絡まったつるを外さないといけません。

下刈りには刈り払い機を使いますが、これだと造林木の根元付近は切ることができません。つるが木の根元に絡まっていればなおさらです。これらは手鎌の先をつるの茎に引っかけて、手前に引いて切ります。手鎌に代わるものとして、うなぎ鉈（別名、つる切り鉈、かずら切り鉈）という刃先が鉤型に湾曲した刃の鉈を使うこともあります。

刃先が鉤型になった「かずら切り鉈」。刃先につるを引っかけて切る

下刈りは、造林木の背が雑草木よりも高くなれば不要になります。しかし、つる植物だけは見過ごすわけにはいきません。1年に数m、ときには10m以上も伸びて、あっという間に造林木に巻き付き、木を覆ってしまうからです。ですから造林地を歩き回り、木に絡まるつるを見つけたら、切って外します。何年か続けると、造林木の枝が張り、地表が暗くなり、つるの発生は収まります。

▼フジはおとなしくなっても注意

つるとのたたかいが一段落したとしても、手放しで安心できないことがあります。フジなど一度は衰退したとしても、林地から完全に消えてなくならないつる植物がいるのです。

とくにフジは、暗くなった林床に茎を張り巡らせ、所々で葉をつけた短い茎を立て、時が来るのを待っています。間伐や雪害により林内が明るくなるのが、その時です。再び活性化して、大きくなった植栽木の幹を登り始めます。放置したままにすると、幹の締め付けが発生するかもしれないので、注意しなければなりません。巻き付き型以外のつる植物は、いても心配ありません。

つる切りで見逃したり、つる切りをサボったりすると、幹につるが巻き付いたままになることがあります。造林地でこうしたつるを見つけたら、その

クズをはじめとする数種のつるに絡まれたスギ造林木

つる植物はグルグル巻きにされるとおとなしくなる

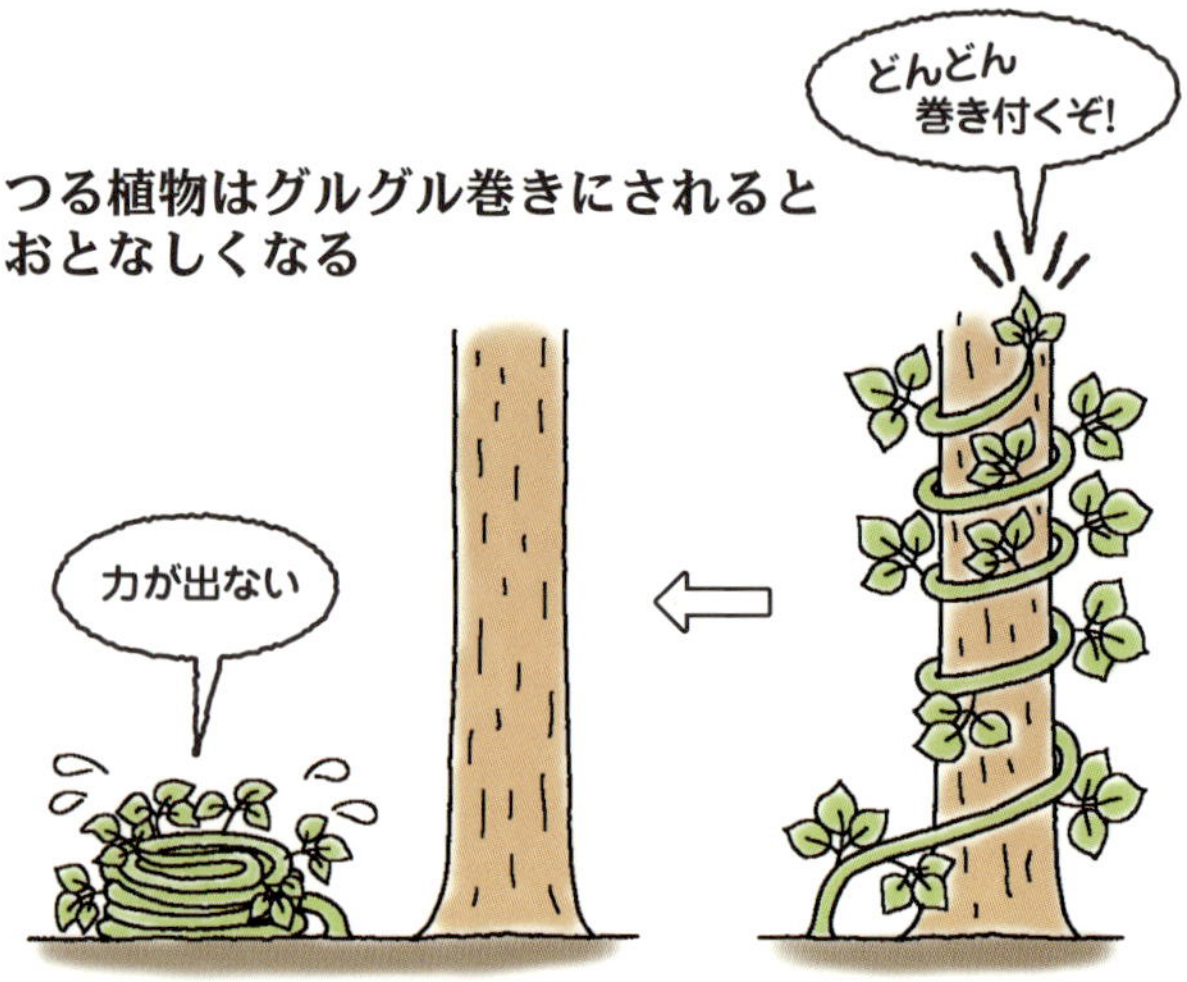
どんどん
巻き付くぞ！
力が出ない

場で切って外します。

▼根元で切るか、グルグル巻きか

つる切りの際は、「できるだけつるの根元で切る」のがよいとされています。切った後の地上部をできるだけ小さくするためです。

一方で、つるは切らずに木から外して（外せないときは届く範囲でできるだけ先のほうで切り）、先のほうからグルグルと巻いて、植栽木から離れた位置に放り投げておくのがいい、という話を先輩技術者から聞きました（上図）。同様に処理して落ち葉や落ち枝などで覆っておくのがいいとする技術書もあります。切った株元からの萌芽再生は勢いがいいので、そうならないようにと考えると得心がいきます。

▼適期は7月下旬頃

下刈りは、ふつう7月下旬前後に行ないます（年1回の場合）。多年生草本や木本植物が、冬に地下部に貯め込んだ養分を使って、ある程度伸びた時期だからです。刈るのが早いと、その後にたっぷり時間があるので、再生した地上部がしっかりと伸びます。刈るのが遅いと、植栽木が被圧される時間が長くなってしまいます。つる植物にも同じことがいえるので、つる切りの適期も7月下旬前後です。

ちなみに、つる植物とともに若い造林地での植栽木の大敵にササがあります。ササとつる植物の最大の違いは、その伸び方にあります。ササが6月頃に一気に伸びきるのに対し、つる植物は春から8月終わりくらいにかけてダラダラと伸び続けます。ササを刈る最適なタイミングは7月初旬頃のピンポイントで、伸びた姿は目で見て簡単にわかります。

つると共存する道も

林業にとってつるは大敵です。一方で、つるは林産物として私たちの生活を豊かにしてくれ、また収入源にもなります。カゴなどを編むつる細工に必要なつる植物は数多くあります。果実や新芽が食用になるもの、花や実が美しいもの、薬になるものもあります。

つるによる被害を最小限に抑えつつ、上手につる植物を利用する、そうした共存の道を探ってもいいかもしれません。

（造林技術研究所）

刃の角度とつるの関係

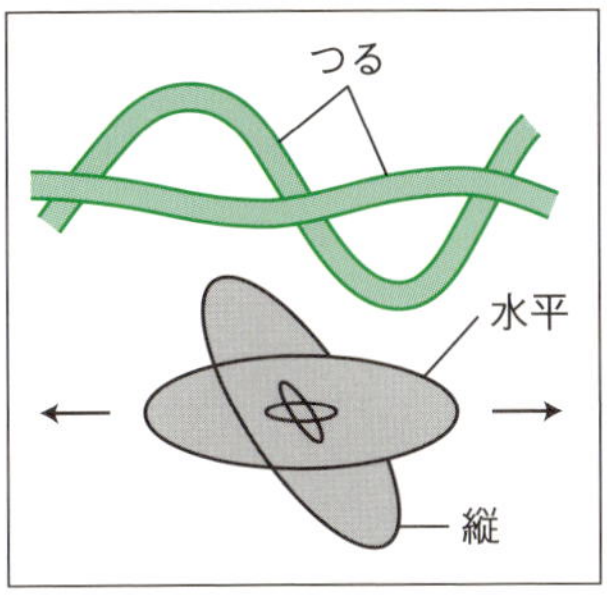

水平に刈り払うとつると平行になって切れない。縦にしても、垂れ下がったつるなどが絡みつくことがある

金床に置き、ハンマーで叩いて刃先を曲げる。材料が鋼で亀裂が入る場合があるため、力加減を調整する

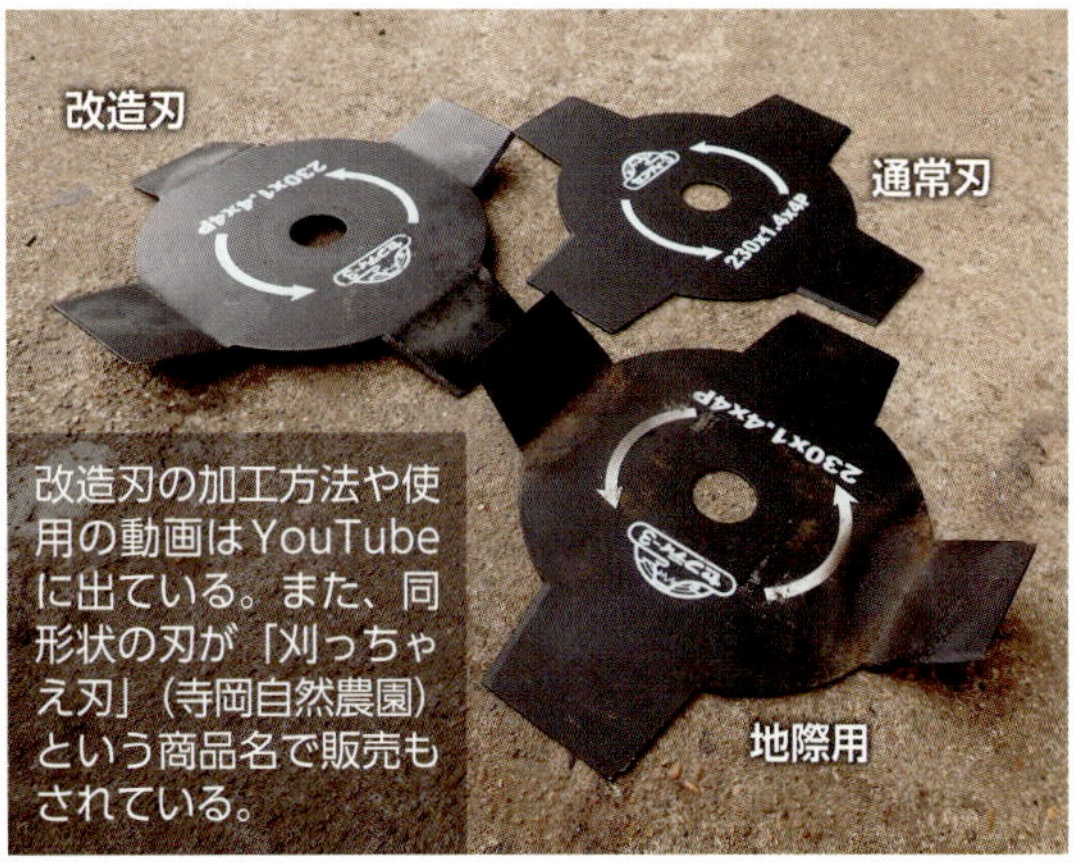

改造刃の加工方法や使用の動画はYouTubeに出ている。また、同形状の刃が「刈っちゃえ刃」（寺岡自然農園）という商品名で販売もされている。

左が本文中で紹介した改造刃。地際刈りのため上にだけ2枚曲げたものもつくったが（手前）、つるを刈る効率は落ちた。つる性植物に対し、水平の刃はほとんど機能しないようだ

刈り払い機の刃、曲げればつるが絡まない

岩手・千田典文

刃と竿の間に絡みつく

長くサラリーマンとして勤め、退職後は薪ストーブを楽しみながら森林資源の活用に取り組んでいます。

近年は当地でも山林や農地に人の手が入らなくなり、山にはフジやクズ、農地や休耕田にはクズやアカネムグラ、ヤブガラシ、外来種のアレチウリなどがはびこっています。急斜面の草刈りや、小径木やつる性植物に覆われた場所の草刈りは、体力も使うし作業も進みません。

つる性植物は、刈り払い機の刃を水平に動かしても切れず、刃と竿の間（刃の面の上）などに絡みついてきます。たびたび作業を中断し、手で取り除く必要があり厄介です。そこで、刈り払い機を60～90度傾けて刃を縦にして、横に払いのけるように刈っています。それでも絡みつかれることが多く困っていました。

それぞれの刃を曲げるだけ

そんなあるとき、インターネットで「4枚刃の刈り払い刃は、刃先を2枚ずつ上と下に曲げると絡まない」という記事を発見。さっそく刃を買ってきて、改造してみました。

大型の万力に刃の曲げたい部分を挟み、体重をかけて押し曲げる、もしくは金床の角に曲げたい部分を置いて、足で押さえながら刃先をハンマー（玄《げん》翁《のう》）で叩くと曲がります。

以前は「4枚刃は軟らかい草には向

撮影のため、雑草が枯れた時期だが実演してみた。通常のチップソーだと、つるや茎の軟らかい雑草を切れず下に入り込んでしまい、刃や竿に絡まりやすい

改造刃なら絡みつきがなく、ガンガン刈れる。下に曲げた刃先が当たらないよう、少し高めに刈る意識で

くが、硬い草には使えない」と思っていました。しかしこれで実際に使ってみると、確かに切れ味はよくないものの、覆い被さったつるや地面を這うつる、上から垂れ下がったつるにもかなり有効。ほぼ絡みつきがなく、水平・上下どちらに動かしても切ることができ、思った以上に使える場面の多い刃となりました。

立体的に切れる

普通の刃は水平方向にしか切れないため、垂直に生える草には有効ですが、網やマントを被せたように水平方向に伸びるつる性植物には、刃が当たりにくく切れないのです。刃がつるの下に潜り込んだり、切り終えたつるが刃の上に載ってしまったりして、竿との間に絡みついていたのだと考えられます。

一方、今回改造した刃は刃先を上下に曲げたことで、垂直方向、つまり立体的に切断できるようになりました。そのため、刃の面と平行に伸びるつる性植物も切ることができ、絡みつきもほとんどなくなったのだと思います。

4枚刃は価格も安く、加工も要領をつかめば簡単なので、試す価値はあると思います。

（岩手県一関市）

クズにも負けず育つ 耕作放棄地には八升豆《はっしょうまめ》

高知・**川添純雄**

八升豆（別名：ムクナ豆）。実はLドーパという成分を豊富に含み、これがパーキンソン病予防や精力向上に効果を持つとされている（編）

不耕起でも雑草に勝った

61歳の兼業農家です。高齢の両親とともに、野菜を中心に栽培しています。耕作放棄地（友人の畑）の管理もしており、そこで雑草抑制を兼ねた作物栽培を始め、5〜6年が経ちました。

その1年目、一つの畑にはタネ採り用に「八升豆」を、もう一つの畑には「万次郎カボチャ」を植えてみました。万次郎はカボチャの中でも極めて樹勢の強い品種なので、雑草を抑えると見込んだのですが、不耕起、無施肥、無農薬の草生栽培だったため、ものにならず……。自宅から離れていて刈り払いに来られないので、マルチムギやヘアリーベッチでの抑制も試みましたが、不耕起での雑草制御は至難の業でした。

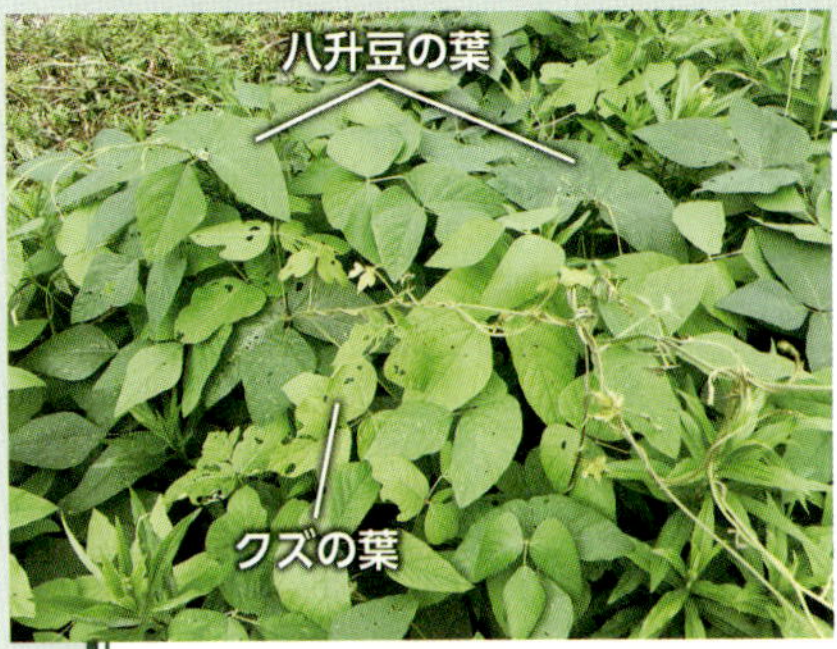

クズと絡み合い、上から抑制しつつある八升豆。クズのつるは八升豆のつるより毛が太い。葉は非常に似ているが、八升豆の葉は切れ込みがなく、クズはトランプのクラブのように切れ込みがある（当地の場合。地域によって形は異なる）

しかし、タネ採り用に地這い栽培した八升豆の畑では、つるや葉が雑草を覆い尽くし、大成功でした。

アレロパシーがとても強い

八升豆はアレロパシーが強く、生育も旺盛。雑草抑制にはピッタリの作物なのです。私は最高気温が25℃を超えるようになってから（高知県ではゴールデンウィーク明け）直播きします。セイタカアワダチソウなど背の高い雑草があると、支柱の代わりになって好都合。秋からエダマメ状態で収穫でき、その後は霜が降りるまで放置して成熟させます。

莢が乾いて中のマメがカラカラと音を立てるようになっていれば、霜が降りても大丈夫ですが、未熟な莢は霜にやられてしまいます。できれば、初霜の前に収穫を終了し、残渣を雑草と一緒に刈り払います。

刈り払う前に緑肥のヘアリーベッチの種子を振り播いておくと、覆土する手間が省けて、残渣の下からかなりの発芽が見込めます。

八升豆が覆った圃場。イネ科以外へのアレロパシーが強く、普通の雑草には圧勝。イネ科でも先に葉を繁らせたら八升豆の勝ち

クズと格闘、大量にとれた

さて、雑草管理の強敵・クズが蔓延する畑でも、八升豆を3年ほど育てたことがあります。1年目は約1m間隔で播きましたが、さすがにクズには押され気味でした。

そこで、翌年から30㎝間隔で播くようにしたら、なかなかいい勝負になり、大量に収穫できました。クズより先に、八升豆が葉っぱを広げたら勝ち。真夏になって、両者のつるが互いに巻き付き合い、格闘する様子は見ものです。

とれたマメは、直売所ではダイズ並みの安い価格でしか売れませんが、メルカリなどのインターネット販売では、高齢者やパーキンソン病を患う方々に人気があり、比較的高い価格で売れています。私は焙煎して粉にしたものを売っています。

（高知県南国市）

その他の難防除雑草

モミガラ燃焼＆冬期湛水が効く

滋賀・中道唯幸

イネ科 多年生 キシュウスズメノヒエ

（写真提供：浅井元朗）

分布：関東以西〜沖縄
生育期間：4〜11月
開花・結実時期：7〜10月

北アメリカ原産で、日本では1924年に和歌山で初めて発見。節から20〜60㎝の枝を伸ばす。水田や水路では、とくに越冬した◆根茎や◆ほふく茎からの発生が問題となる。茎を切断しても、それぞれが再生するから厄介。

コンバインが壊された！

大先輩はよく、「農業は草とのたたかいだ！」っておっしゃっていました。しかし、僕が農業を始めた1970年代には優れた除草剤が続々登場。手強い草も薬でどうにでもできると思われていました。

さて、僕は当時土づくりのために豚糞や牛糞の堆肥を使っていたのですが、40年ほど前、田んぼのアゼに見慣

◆マークは83ページにことば解説あり

まだ生きてるんと
ちゃうかー？

筆者（63歳）。約40haでイネを栽培。うち約33haが有機や自然栽培

4月のアゼに残っていたキシュウスズメノヒエのほふく茎（前年伸びたもの）。乾燥に強く、茎は水分10%以下にならないと死なないとされる（依田賢吾撮影、Yも）

節から伸びた根。バラバラにされた茎でも節さえあれば個体として再生する（Y）

れない草が生えていることに気が付きました。「キシュウスズメノヒエ」です。どうも輸入飼料の中にタネが潜んでいたようで、それが家畜糞に混ざり、堆肥発酵時にも死に切っていなかったようです。芝生のように畦畔を覆い始めたので、「お、アゼが崩れにくくなるかも?」と思ったのですが……おっとどっこい、大変なことになってきました。

田植え後、少しずつ田んぼの中へとほふく茎を伸ばして侵入し始め、秋の収穫時期にはアゼ際の3条分ぐらいのスペースが、キシュウスズメノヒエで覆われてしまいました。こうなると、コンバインでの収穫作業が大変。芝生のような繊維質の茎が絡み込んで、刈り取り部を壊し、機械を止めてしまったのです。

厚さ10㎝に積んで燃やす

当初は対策として、まめにアゼ草を刈ってみるなどしていました。ところが、細かく切り刻んだほふく茎が田んぼの中に入ると、それぞれの節目から再生が始まり、個体が増えて逆効果に。除草剤も試してみましたが、一時的に打撃を与えるとはいえ、やはりいつのまにか伸びてきます。なかなか厄介な野草ですね。

そんなとき、近所の農家が田んぼの端でモミガラを焼いている様子を見ていて、焼いた跡の草がきれいに退治されていることに気が付きました。そこで、キシュウスズメノヒエの生育場所（田んぼ内部のアゼ際部分）にモミガラを厚さ10㎝程度に敷き詰め、火をつけて草ごと燃やしてみたのです。すると、驚くことに侵入はそこでピタリと止まり、再生もしてこなくなりました。

モミガラは、時間をかけてゆっくりと燃え進みます。そのため土の表層がしっかりと高温になり、息の根を止めることができたようです。

ただし、この対策を続けていくうちに、効かない場合もあることがわかってきました。生育年数が短く、ほふく茎の節が土中の比較的浅い位置（2㎝まで）にある場合は有効ですが、生育が複数年にわたり、土が被さって深くまで入り込んでいる場合には、いったん打撃は与えるものの、少しずつ再生が始まります。

はびこったら冬期湛水

そうした圃場では、奥の手です。有機稲作の抑草技術の一つに、冬期湛水がありますよね。収穫後に入水・代かきして、翌春まで湛水状態を維持する技術。これが効くんです。

じつは10年以上前、1・6haほどの田んぼでキシュウスズメノヒエをはびこらせてしまい、モミガラでは対応できなくなっていました。毎年荒代かき後2週間ほどすると、バラバラになったほふく茎がそれぞれ再生。田んぼのところどころで塊になり、緑の島ができたよう……。その再生個体を、本代かきまでに拾い集めて除去していました。

そんな中、この圃場を含む8haほどで、一年生雑草対策として冬期湛水に取り組んだ時期がありました。すると湛水後の荒代かき後、圃場内でのキシュウスズメノヒエ発生がまったく見られず、茎の除去作業がいらなかったのです。通常、冬期湛水をすると、クログワイなどの多年生雑草はかえって増えてしまいます。同じ多年生のキシュウスズメノヒエにも効果はないと思っていたため、驚きました。湛水を実施した7〜8年間、発生はありませんでした。

キシュウスズメノヒエは乾燥にめっぽう強いうえ、湛水状態にも強いとされています。しかし、非活動時期である冬場の湛水には、もしかすると弱いのかもしれません。

＊

雑草・病害虫への対策では、彼らの「弱点」を推測し、そこを攻めることがポイントです。また、敵視するだけではなく、仲間として取り込めないかも考え（雑草なら、土手の崩れ防止に役立つかも？など）、自然界の生きものと仲よく共生していきたいですね。

（滋賀県野洲市）

まだ年数が浅い場合

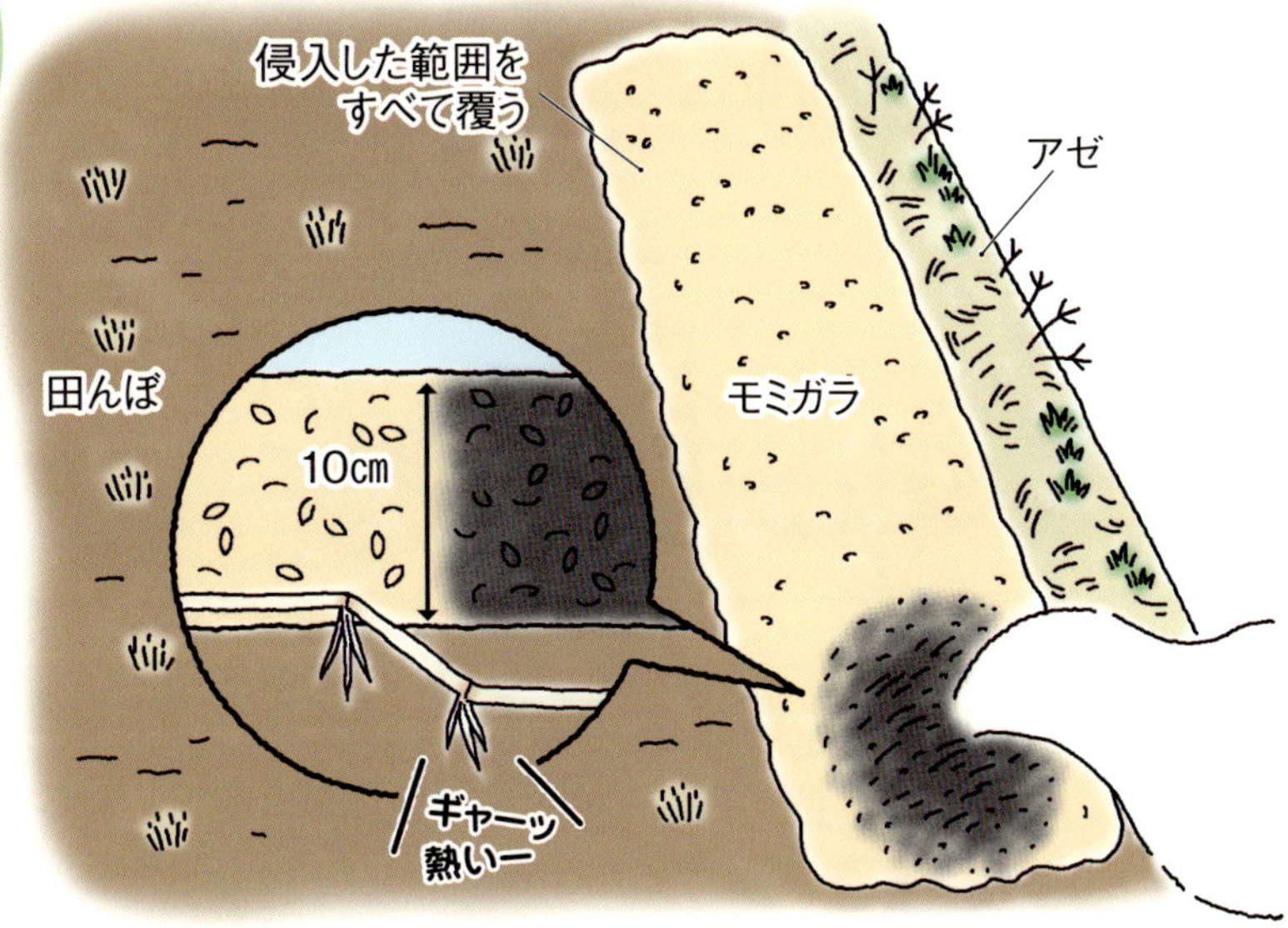

モミガラ燃焼

10～11月の大雨がない期間を選び、キシュウスズメノヒエが侵入した場所を覆うように、モミガラを厚さ10㎝ほど敷いて燃やす（田んぼ内部のみ）。下までしっかり燃えて広がるよう、風下から着火（広範囲の場合複数箇所）。1日に5m弱ほど燃え広がる

はびこってしまったら

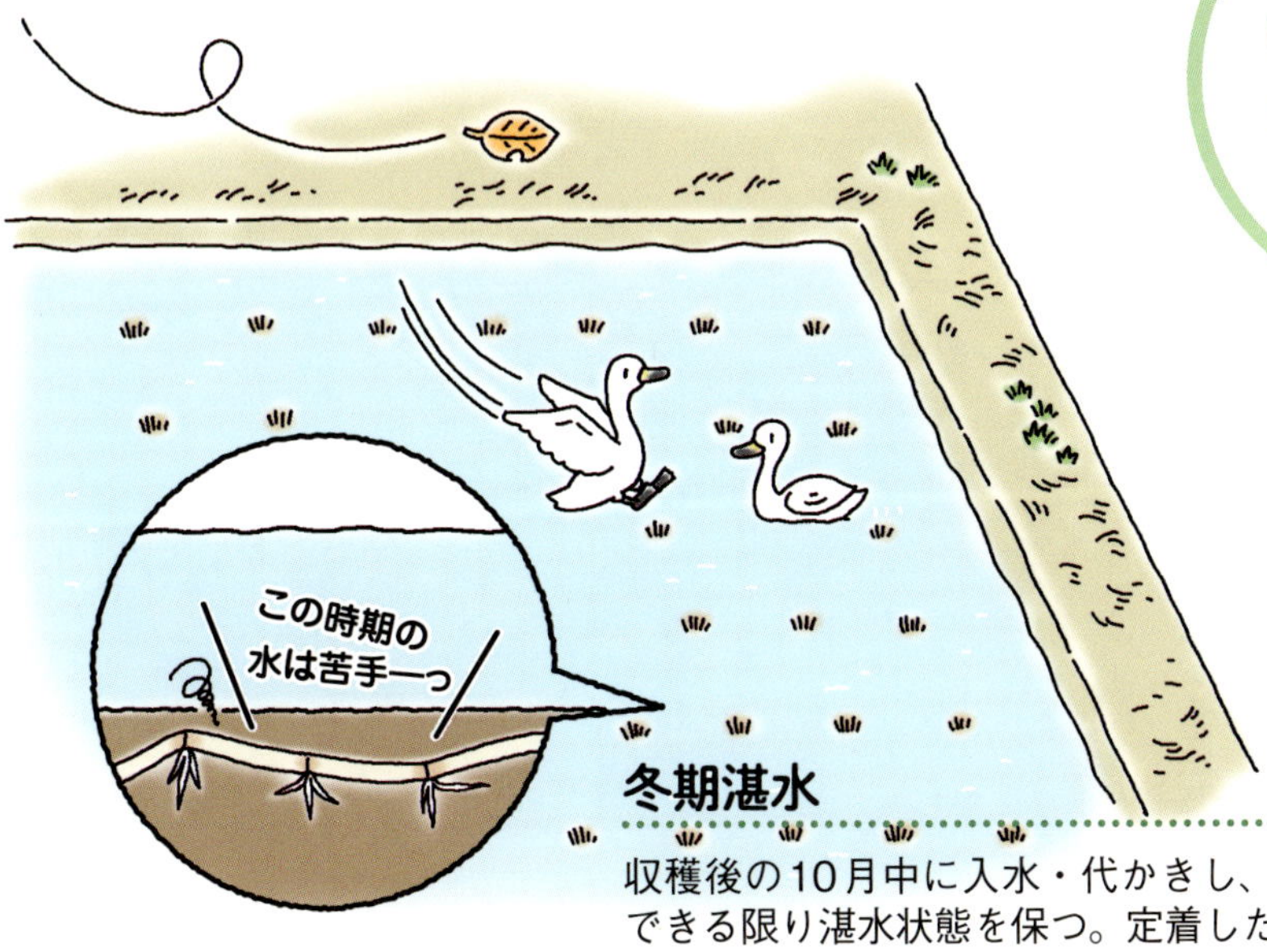

冬期湛水

収穫後の10月中に入水・代かきし、翌年3月頃までできる限り湛水状態を保つ。定着したキシュウスズメノヒエにも効果があり、表層のトロトロ層が発達することで、一年生雑草のタネも埋もれて発芽しなくなる。ただし、長く続けると排水性が極端に落ちる

田んぼ周りを脅かす2種の特定外来生物

嶺田拓也

ヒユ科 多年生 ナガエツルノゲイトウ

分布：茨城以南

田んぼに水を引く揚水機場の周りに繁茂したナガエツルノゲイトウの除去作業（写真提供：橋本桂一）

直径1.5㎝ほどの花序。小さな白い花が集まったもの

クローンでのみ繁殖する

ナガエツルノゲイトウは、南米原産の水草です。世界各地の河川や湖沼などの水辺に侵入し、水路を埋め尽くすなどして、生態系や船の航行に大きな影響を与えています。

中空の茎は１ｍ以上も伸長し、節から活発に発根・分枝を繰り返して旺盛に生育し、日当たりのよい肥沃な水辺で大繁茂します。水生植物にもかかわらず乾燥に強く、水田畦畔や畑地にも定着してしまいます。

原産地では種子でも繁殖しますが、日本に侵入したタイプはクローン繁殖しかできません。しかし、その再生力は極めて旺盛で、節さえあれば１～２㎝程度の茎の断片からも容易に萌芽します。また、地中を横走するだけでなく、土中深く50㎝以上にもなるゴボウ状の直根を伸ばします。この根も不定芽を形成しやすく、断片が増殖源となります。

収穫がほぼ皆無の場合も

日本では１９８９年に兵庫県の水田で初めて確認され、現在では茨城県以南の各地に広がっています。外来種のなかでも生態系や農林水産業などに悪影響を与える恐れが多大なものとして、オオフサモ（74ページ）などとともに２００５年に環境省から「特定外来生物」に指定され、栽培や移動が制限されました。

農業上の問題としては、河川や湖沼で大群落を形成して取水の障害となる、農業水路に繁茂して通水や排水の妨げとなる、などが挙げられます。水田で繁茂すると、イネにもたれるように伸長して競合し、収穫作業に支障が出ることがあります。ナガエツルノゲイトウは水分を多く含むため、刈り取り時にコンバインの胴内に詰まって、脱穀効率を大きく低下させます。蔓延する圃場では倒伏したイネを覆い、収穫がほぼ皆無となることも報告されています。

畦畔に定着した場合も厄介で、刈り払えば刈り払うほど、残された根やほふく茎◆から素早く萌芽し、他の植物より早く地面を覆って優占してしまいます。また、細断化した茎断片が周囲に飛び散り、周辺の水田などにばらまかれてしまいます。

水田へは主に用水を経由して侵入しますが、トラクタなどの農機に断片が付着して広がることもあります。この草が蔓延してしまった水田では、耕起で細断された茎や根の断片が、代かきや田植えの落水時に水尻から排水路に流出することも確認されています。

このように、ひとたび河川やため池にナガエツルノゲイトウが侵入すると、「河川・ため池→用水路→水田→排水路→河川」といったかんがいシステムを通じて、流域内に広く拡散してしまいます。

秋以降の除草剤が効果的

ナガエツルノゲイトウが定着した地域では、さまざまな形で駆除活動が実施されていますが、根絶させるのは厳しい状況です。蔓延してしまった地域では、休耕せざるを得なくなった農地も出てきています。

しかし、水田内では初期剤と中期剤、または初中期剤と後期剤による体系防除で、蔓延を防止することが可能

バックホーの爪アタッチメントで効率的に除去

千葉県印西市・橋本桂一さん

ここ近年、橋本さんの住む印旛沼周辺でもナガエツルノゲイトウが大繁茂。とくに困るのが、沼の入り江から田んぼに水を送る揚水機場だ。水が植物体でいっぱいになると、ポンプの吸い込み口に茎が詰まってしまう。そこで年に一度ほど、可能な時期に除去作業を実施している（p72写真）。

ここで活躍するのが、橋本さん自作のアタッチメント。いわゆる爪型のアタッチメントで、たくさんつかめてこぼしにくい。普通のバケットですくうよりも数倍効率は上だ。「気が付くと、いつの間にかまた繁茂してる」そうだが、定期的な除去によりポンプの詰まりは起きなくなった。編

すくい上げたナガエツルノゲイトウは、根付かないようにブルーシートの上に載せ、除草剤をかけて枯れるまで置いておく（写真提供：橋本桂一）

◆マークは83ページにことば解説あり

アリノトウグサ科
多年生

オオフサモ

分布：茨城以西、宮城、山形、北海道

水田に侵入するオオフサモ。緑白色で羽状のふさふさした葉が特徴。ため池や水路からかんがいを通じて侵入することが多い

です。収穫後（～降霜期まで）の田面への茎葉処理剤（グリホサート[9]など）の散布も、効果的だとわかってきています。畦畔でも、生育盛期である夏期よりも秋の茎葉処理剤の散布が有効です。

水田内の防除に成功した後も、用水や畦畔からの再侵入を防ぐため、水口や給水栓に種モミ袋などを被せて断片の侵入を防止する必要があります。さらに、水源である河川やため池からの流入を防止するために、水源に繁茂する群落を除去したり、取水口にオイルフェンスなどを設置したりする対策も重要となります。

いったん地域に定着してしまうと根絶は非常に困難となるので、まずは水田内だけでなく、畦畔など水田周辺に侵入させないよう、農地や水路周りを重点的に見回ることが重要です。侵入を発見次第、ただちに茎や根の断片を残さず掘り取り焼却するなど、適切に処理しましょう。

初期の丁寧な掘り起こしが重要

オオフサモは全国の湖沼や河川、ため池、水路で見られる水草で、水田にも侵入します。よく分枝して水や泥の中に茎を伸ばし、水上に10～30㎝ほどの茎をこんもりと直立させた姿が特徴的です。

日本では雌株だけが野生化しているため、種子をつけずに地下茎で繁殖・越冬します。いったん水辺に侵入すると旺盛な繁殖力で大群落となり、在来の水生植物を駆逐し、通水の障害となります。最近では西南暖地を中心に水田に定着・蔓延し、イネと競合し収穫作業にも支障をきたしています。水稲用の除草剤が効いていれば定着することは少ないのですが、効きが悪い場合や水口付近では広がってしまうことがあります。

オオフサモの地下茎は土中浅いものの、横方向に長く伸びます。初期段階なら丹念に掘り起こし、地下茎を丁寧に取り除いて駆除できます。わずかな取り残しでも再生するので気を付け、除去後も1～2年は再生がないか確認を続けます。掘り起こしで駆除しきれないほど蔓延した場合には、収穫後の茎葉処理剤（グリホサート[9]など）の散布が効果的だと思われます。

（農研機構農村工学研究部門）

アカバナ科

オオバナミズキンバイ

分布：主に関東、関西、九州

水の上で茎が立ち開花している状態（琵琶湖）

陸上に定着し、茎が這っている状態（琵琶湖）

水草だけど、水陸両生

稗田真也

オオバナミズキンバイは、南米原産の侵略的外来水生植物です。「水草」でありながら、「水陸両生植物」とも見なされ、水田であればアゼへの定着にも注意が必要です。

その名の通り黄色の花が大型で、とくに発達した茎に毛があるのが、在来種のミズキンバイと見分けるポイントですが、茎や葉はいろいろな形になり、多様です。

茎の断片や葉も、芽と根を出して再生します。乾燥に強く、抜き取ったものが枯れずに根付いてタネをつくる恐れがあります。タネや茎の断片が農機具に付着して拡散したり、用水路を通じて広範囲の農地に急拡散する恐れもあります。基本的な駆除法はナガエツルノゲイトウと同様です。特定外来生物に指定されているので、駆除〜処分については各自治体に問い合わせてください。

（愛知・豊橋市自然史博物館）

アゼ・法面は覆っちゃえ

雑草抑制ネットで草刈り無用のむらづくり

岐阜・酒井義広

獣害対策にも草刈りは必須

私は兼業農家で、県職員として45年間農業行政に関わりました。退職前の10年間は主に鳥獣害対策の普及指導を担当し、現在も農水省の農作物野生鳥獣被害対策アドバイザーを務めています。

私の住む宮地集落は郡上《ぐじょう》市和良《わら》町の中央部にあり、戸数は52、水田面積は約20ha（140枚）です。50年ほど前に農地基盤整備が実施され、上下水道や光ファイバー等の生活環境も整備されていますが、相変わらず過疎・高齢化・担い手不足が課題の限界集落です。将来的に崩壊・消滅集落にならないようにと、農業集落の存続要件の基本「草と獣との闘い」を、中山間地域等直接支払を活用しながら集落ぐるみで続けてきました。

とくに草対策は重要です。畦畔に獣の侵入防止柵「猪鹿無猿柵」（電気柵とワイヤーメッシュなどの併用。『現代農業』2012年5月号）を設置した後も、漏電防止には柵下の除草が必要です。

シートは安いがめくれやすい

ところで集落の水田の畦畔や、農道・県道・用排水路の法面の幅は、最大で8mもあります。その草刈り作業は重労働で、主に米農家が長年刈り払い機で行なってきましたが、高齢化と担い手不足で年々厳しくなりました。

そこで15年ほど前から、雑草抑制ネットや防草シートを、水田畦畔や各法面、獣の侵入防止柵の下に設置して、草刈り無用の里づくり（里普請）を始めました。

当初使用した雑草抑制ネットは、メーカーに開発依頼した景観良好なグリーンのもの。集落の法面の8割ほどに設置して、実証を行ないました。その後、ネットより低コストでやはりグ

「雑草抑制おまかせネット」を複数サイズ張り合わせた畦畔。撮影時の4月はゆとりがあるが、夏場はネットの下で草が繁茂して膨らむ。ネットの端にストッパーを約1mおきに打って固定する

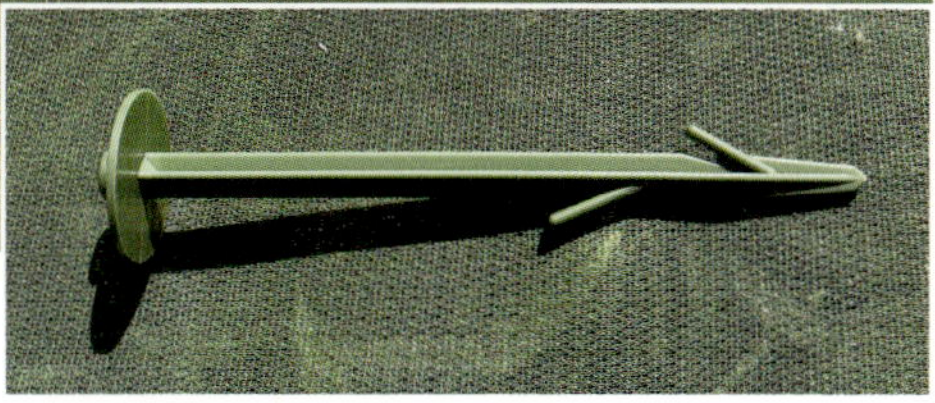

ネットとストッパー。ネットはほつれにくいラッセル網地（1m×50m　1万2000円前後）。ストッパーはカエリがあって抜けにくい（300本1万円前後）（大一工業㈱提供）

リーンの防草シートも開発して設置。しかし、これらのネットやシートは耐用年数が短いため、何度も張り直しが必要でした。

また防草シートだと風が通らないので、ピンで留めてもめくれやすいことが欠点でした。ピンを多く打ち込めばよいのですが、費用がかかってしまいます。

耐久性のあるネットを開発

現在設置しているのは「雑草抑制おまかせネット」（大一工業㈱）という、メーカーに耐久性を改良・開発してもらったネットです。設置後10年以上経過しても、立派に雑草を抑制しています。また、ネットなので風が通り、めくれません。中で雑草は生えますが、突き出ることなくそのまま枯れます。

ただし、ネットの端に打ち込んだピンの周りは、地面とネットの間にゆとりがないため、雑草がネットの下で丸まらず突き出やすいことが欠点です。当初はそれを刈り払い機で刈るときに、ネットの破損事故が多発しました。

そこで、１m幅の商品しかなかったところを、３mや４m幅のネットを開発してもらい、ピンの打ち込み数を減らすことができました。またピンを打った部分に幅の狭い防草シートを敷き重ねて草を防いだり、部分的に除草剤を散布したりするようになりました。

防草シートはマルチ代わりに

あまり使わなくなった防草シートですが、隙間なく張れば草は完全に生えなくなります。そこで、集落の体験農園でポリマルチの代わりに活用しています。５年はもつのでゴミ処理に困りません。

景観作物として畦畔にシバザクラを植えるときも、防草シートを張って切れ目を入れて植えると、除草作業を省けて、生育も促進します。

草刈りが獣を呼ぶ

近年、水田の畦畔を草刈りすると、刈った雑草が堆肥化してミミズが繁殖し、ミミズを狙ったモグラが穴をあけたりイノシシが掘り起こしたりして、畦畔の崩壊や水漏れの原因となってい

廃材リサイクルでアゼ被覆

千葉県山武市・大久保義宣さん

畦畔を被覆した使用済みPOフィルム。下に黒マルチ、その下に醤油製造時に使う圧搾布を敷いている

大久保義宣さん（79歳）が畦畔の抑草に利用しているのは、ハウスのPO（ポリオレフィン）フィルムや黒マルチ（ポリエチレン）、醤油を造る際に使う「圧搾布《あっさくふ》」の廃材である。

車を少し走らせた銚子市には、醤油の醸造会社が数社ある。大量の使用済み圧搾布はこれまで焼却処分されてきたが、大久保さんはそれを、草抑えに使えないかと考えた。

試してみると、布は確かに草を抑えたが、紫外線に弱く、長くは持たなかった。そこで上から農業用の黒マルチを被せて光を遮り、さらに使用済みのPOフィルムで覆って保護。

「POも醤油の布も処分に困っている。それをリサイクルして困りものの草を抑えられるんだからいいよね」

圧搾布は日本酒の醸造会社なども処分に困っている。また、大久保さんは現在、POの2～3枚重ねなどによる抑草効果も試験中だ。編

ます。また草刈り後に伸びた若い雑草が、シカの大好物のエサとなっています。ネットやシートによる法面保護は除草作業の省力化だけでなく、獣害対策にもなるのです。

高齢化した住民で毎年、苦労して用排水路を管理していましたが、いまは砂利の堆積も少なく、作業が大幅にラクになりました。

シバザクラロード。こちらは多面的機能支払を活用して購入した防草シートを敷いてから植えた。風でめくれることはない

耕作放棄地がゼロになった

集落ぐるみのネット・シートによる雑草対策と獣害対策の結果、農地の借り手（担い手）の作業も負担が軽減し、集落の農地の利用集積は70％以上になりました。そしてなんと、鳥獣のエサ場や潜み場でもある耕作放棄地は、現在存在していません。

この15年あまり、鳥獣害対策研修会で県内外の農業集落や地域を現地調査していますが、耕作放棄地が目立ってきました。集落の草原化は鳥獣害の多発につながり、生活環境保全も厳しくなります。ぜひ、宮地集落の「令和の里普請」を参考に、集落再生を図ってほしいものです。

（岐阜県郡上市）

「べた～とシート」でセンチピードグラスがスピード生育

兵庫・衣笠愛之《よしゆき》

シバが根付く防草シートを開発

夢前夢工房では米や野菜、イチゴなどを、農薬や化学肥料の削減にこだわって育てています。しかし水稲35haやコムギ12haなどの畦畔の除草作業はとても大変です。

「草刈りゼロ」を目指していろいろ試すものの、防草シートだけでは3〜5年でやぶれ始めます。そこでシートに穴をあけて被覆植物を植えてみましたが、ほふく茎◆（ランナー）の根っこがシートを通らず、それもうまくいきませんでした。

　そんなとき、縁あって出会ったのが鳥取大学名誉教授の竹内芳親先生です。先生は被覆植物を特殊な防草シートに植え付ける研究をしていました。

　2015年に農水省「官民連携新商品開発事業」に応募、タキイ種苗や防草シートメーカーの小泉製麻にも協力してもらい「草刈りゼロ化プロジェクト」が始まりました。

　3年かけて開発したのは、「ティフ・ブレア」という夏シバ（センチ

「べた〜とシート」にシバ「ティフ・ブレア」が繁茂した法面

植え付けの様子

シートに穴をあけてティフ・ブレアを植え付け、たっぷりかん水する

ティフ・ブレアの節根がシートに入り込む様子

ティフ・ブレアはセンチピードグラスの改良種で病虫害に強く、耐寒性や繁殖力、アレロパシー効果（他雑草の抑制効果）に優れている

＊この技術の問い合わせ先　㈱サスティナブルプランツ　TEL：090－8930－8124

◆マークは83ページにことば解説あり

ピードグラスの改良品種）が根を張れる特殊な防草シート「べた～とシート」です。綾織りのシートの隙間にほふく茎から伸びる根が入り込む構造で、雑草を抑えつつ、ティフ・ブレアが短期間で生長します。おかげで畦畔や農道、水路の草刈りを軽減することができ、農水省からもA評価をいただきました。

植え付け後1週間は乾燥に注意

秋に除草剤をまいて、地面を削ってフラットにしておき、3～5月にシートを張ります。チガヤだけはシートを突きぬけて伸びるので、除草剤でしっかり叩く必要があります。

ティフ・ブレアの植え付けは梅雨どき。1㎡に4株。たっぷりかん水し、植え付け後1週間の乾燥に注意すれば、約半年で全面を被覆してしまいます。1㎡当たり700円とコストも安い。高齢化も進んでいるため、長い目でみたら費用対効果は十分だと思います。農業農村整備情報総合センター（ARIC）の認定もあるので、土地改良の事業や農地水の直接支払いでの実施も可能だと思います。

私たちは河川の土手で試験し、4年間草刈りゼロを達成。植え付けた穴から発生した雑草を年に3回抜く程度ですみました。以前に比べ本当にラクになりました。この工法により、農家の皆さんが草刈りという重労働から少しでも解放されればと願っています。

（兵庫県姫路市）

冬シバ ハードフェスクでラクラク法面管理

福見尚哉

秋と春に生長する冬シバ

ハードフェスクは冬シバ（寒地型シバ）の一種で、芝生や法面緑化に利用されています。センチピードグラスなどの夏シバ（暖地型シバ）は春から秋に生長しますが、冬シバは秋と春が生長期間です。私たちは鳥取県で、このハードフェスクをグラウンドカバープランツとして利用する試験を行ないました。

畦畔にグラウンドカバープランツの被覆を形成する技術としては、センチピードグラス種子の吹き付けがあります。しかしこの方法は施工費用がそれなりにかかるため、農家が自力で播種してすみやかに被覆できる技術が望まれていました。

ハードフェスクは当初、そのセンチピードグラスと混植し、センチピードグラスによる被覆が完成するまで雑草を抑える植物として検討していました。ところが、畦畔での生育が予想以上に良好であったため、単独での活用が可能と考えました。

ハードフェスクが密生した法面（播種から4年目の4月、鳥取県八頭町）

種子バラ播きで密生させる

ハードフェスクは種子を播いて被覆を形成します。鳥取県における最適な播種時期は10月中下旬。まず畦畔用の除草剤で雑草を枯らし、残渣を除去してから、1㎡当たり10～15gの種子をバラ播きます。種子が比較的大きいため、手播きでも作業は容易です。通常、播種後2週間以内に発芽が確認できます。センチピードグラスのようにランナーを伸ばす性質はありませんが、密な株をつくることで地表面を被覆します。

越冬後の4～6月頃、ハードフェスクに交じって雑草発生が目立つ場合は、高さ10～15㎝程度で刈り払います。また、畦畔の抑草剤として知られる「グラスショート液剤」（ビスピリバックナトリウム塩液剤）[2]の影響を受けにくいので、広葉雑草の発生が多い場合は本剤の全面散布も有効です。

基本的に冷涼な地域に適した植物なので、夏場は地上部の枯れ込みも見られますが、枯れた状態でも被覆能力は持続します。鳥取県では夏の暑さで消滅することはないようで、秋には緑葉が再び生長を始めます。

数年に一度更新も

ハードフェスクの利点は、播種時期が秋であることです。イネの品種にもよりますが、イネ刈り終了後に除草剤散布や播種ができるので、作業のしやすさや農繁期を避けるという意味で、夏シバよりも取り組みやすいといえます。また、抑草剤で管理できるのもセンチピードグラスにはないメリットです。

今のところ、播種したハードフェスクは5年程度で生育の衰える場合が多く、センチピードグラスほど長期に持続している事例はありません。高刈りや抑草剤による管理がおろそかになることが原因かもしれません。場合によっては、数年に一度更新することで、良好な被覆状態を持続する必要があると考えています。

（鳥取県農業試験場）

ことば解説

知れば知るほどややこしい、多年生雑草の地下の世界。そのややこしさも、防除を困難にしている理由の一つ!? ここで、本書に出てきた用語について、簡単におさらいしたい。

多年生雑草
（たねんせいざっそう）

2年を超えて生きのびる雑草のこと。宿根性雑草とも呼ばれる。

一年生や二年生の雑草と違う点として、栄養繁殖（自分のクローン、つまり分身をつくること）を重要な繁殖戦略としていること、地上部が枯死・喪失しても再生できることなどが挙げられる。

ギシギシやセイタカアワダチソウのように種子を残す仲間も多くおり、栄養繁殖と種子繁殖のどちらにウエイトを多くおくかは、草種により大きく異なる。

一年生雑草
（いちねんせいざっそう）

種子から発芽して1年以内にまた種子をつくって枯死する雑草のこと。

例えば春～夏に発芽して秋までに種子をつけるヒエ類やメヒシバ、スベリヒユなど夏雑草（夏生一年生雑草）、秋～冬に発芽して春に開花・結実するスズメノテッポウやナズナ、ヤエムグラなど冬雑草（冬生一年生雑草）がある。

根茎
（こんけい）

多年生雑草の地下部で、横や斜めに長く伸び広がるもののうち、形態的に「根」ではなく「茎」に分類されるもの。

地上の茎から葉を取り除き、横に倒したような器官で、地上の茎と同じように節があるのが特徴。節からはシュートになる腋芽（わき芽）や、節根という吸収根などが出る。根茎の先端には頂芽もついており、これもシュートになる。

耕起などでバラバラになったときに、それぞれの断片の節から再生して、個体数を増やすことができる草種も多い。

クリーピングルート

多年生雑草の地下部で、長く伸び広がるもののうち、形態的に「茎」ではなく「根」に分類されるもの。クリーピングは「這いずり回る」といった意味。

海外の雑草学領域で使われている用語だが、日本ではまだあまり定着していない。横走根とも呼ばれるため、水平に広がっているイメージがあるが、実際は横に広がる部分と、突然下にぐーんと伸びる部分からなる。

根茎と同じように再生・栄養繁殖能力を持つが、形態上根であるため茎のような節は持たず、つるっとした見た目をしている。場所を問わずに芽（不定芽）を形成し、地上へとシュートを伸ばす。

ちなみに、根ではあるがクリーピングルート自身が栄養を吸収することはなく、不定芽同様あちこちから出る細根が吸収する。

根茎に比べて、合成オーキシン系の除草剤に弱い特徴がある。

ほふく茎
（ほふくけい）

多年生雑草の横に伸び広がるための器官のうち、茎に当たり、かつ地上部を這い回るもの。根茎と同じく茎なので、一定間隔で節を持っており、この

再生・栄養繁殖方式による多年生雑草の分類

形態		草種	再生器官	栄養繁殖方式
横に広がる（拡張型）	長い根茎で広がる	セイタカアワダチソウ、ヨモギ、フキ、イタドリ、ヒルガオ、ドクダミ、カラムシ、チガヤ、セイバンモロコシ、ヨシ、ネザサ、シバムギ、ワラビ	根茎の腋芽・頂芽	根茎断片
		スギナ、イヌスギナ	根茎腋芽	根茎断片、塊茎
		ハマスゲ	根茎頂芽	塊茎
	短い根茎で広がる	ススキ	根茎腋芽	（株分かれ）
	クリーピングルートで広がる	セイヨウトゲアザミ、ハルジオン、ワルナスビ、ヤブガラシ、ガガイモ、ヒメスイバ、セイヨウヒルガオ	根生不定芽	
	ほふく茎で広がる	クズ、シロツメクサ、ヘクソカズラ	ほふく茎の腋芽・頂芽	クズではほふく茎断片
横に広がらない（単立型）	短縮茎を持つ	オオバコ類、ブタナ、スイバ	短縮茎の腋芽	（株分かれ）
		タンポポ類、ギシギシ類	短縮茎の腋芽	根断片、（株分かれ）
		スズメノヒエ類、カゼクサ、チカラシバ、メルケンカルカヤ	短縮茎の腋芽	

『多年生雑草対策ハンドブック』の表（伊藤操子作成）を基に作成。スギナのように横に地下部を広げるか、ギシギシ等のように広がらないかで大きく分類。さらに、広がる種類については、その部位が茎である根茎やほふく茎か、根であるクリーピングルートか……で分けた。地下部は非常に複雑なため、この分類が必ずしも決定版ではない

スギナの地下部は地下1m以下まで伸びますが、あれは根茎、茎なんです!
へぇ〜、根じゃないんだ
伊藤操子先生
辻勝弘さん

『多年生雑草対策ハンドブック』には、より詳細な情報が満載（依田賢吾撮影）

節から根や芽を発生させる。クズなどのほふく茎は、バラバラになった際に再生する能力を持つ。

短縮茎
（たんしゅくけい）

　茎の一種で、節が極端につづまったもの。地中に位置することが多い。根茎と同じく再生能力を持ち、節のそれぞれから腋芽（わき芽）を発生させる。ときに、根茎に分類される場合もある（ここでは別のものとして考える）。

　横への広がりはなく、節同士が非常に近い場所にあるため、タンポポやギシギシのようにひとところに集まった地上部を形成する。

シュート

　地下部から発生した地上部のこと。一つの芽に由来して発生した茎と葉を、一括して呼ぶ言葉。

厄介な一年生雑草

（写真提供：岩崎泰史）

ヒユ科
一年生

ゴウシュウアリタソウ

分布：全国
生育期間：4〜11月

オーストラリア原産。生育サイクルが極めて速く、芽が出て15日で開花、24日後には発芽可能なタネをつける。輸入飼料をエサとした家畜糞から侵入する。

アージランで打ち勝った

岐阜・**野中正博**

手を替え品を替え

飛騨高山でホウレンソウをハウス1haで栽培。ゴウシュウアリタソウとたたかい続け十数年になります。

初めは、妙な雑草が生えているな、という感覚でした。パートさんにお願いして人力で挑むも除草しきれず。当時のハウス2・3ha全面に広がり、ついに機械収穫できなくなりました。

普及員から、除草効果がある土壌消毒剤の「ガスタード微粒剤」がいいと聞き数年使うものの、処理時に土壌水分を均等にするのが難しく、効果にムラが出ました。残った草からまた広がってしまうのです。

「キルパー」なら土壌表面が乾いていてもわりと効果があると聞いて数年使いましたが、やはり次作ではゴウシュウアリタソウが発生してしまいます。また立枯病や根腐病などに効果が薄く、夏ホウレンソウの発芽や生育が悪くなってしまいました。飛騨ホウレンソウは年5作、真夏は一番の高値相場なので、その時期に生育が落ちてしまうのでは使えません。

ゴウシュウアリタソウで覆われたホウレンソウのハウス

アージランの処理後、枯れて朽ちたゴウシュウアリタソウ

そこで土壌病害に一番効果がある「ドロクロール」を使うようになりましたが、雑草のゴウシュウアリタソウにはあまり効果がありませんでした。灯油バーナーで土壌表面を焼いてもみましたが、時間がかかり、均等に焼くのが難しく断念しました。

アージランに効果あり

数年前から、ドロクロとの併用で、他の雑草対策に除草剤の「アージラン液剤」18を使い始めました。

毎作散布し続けたところ、ハウス内の雑草が減少。ゴウシュウアリタソウにはあまり効かないと聞いていましたが、意外にも、徐々に生育が停滞し始めました。効果があったのです。

ただし、使い方にコツがあります。アージランの散布時期は「ホウレンソウの播種後～子葉展開期」ですが、私は播種直後ではなく、ゴウシュウアリタソウがある程度生育してから散布しています。あまり早く使うとホウレンソウの収穫時に次の草が生えてきてしまいます。逆に遅いと作物に少し薬害が出ることもありますが、調製時に取り除けば問題ありません。

薬害を抑えるため散布濃度は極力薄く、トータル散布量も最小限とします。そしてゴウシュウアリタソウの密集箇所にはたっぷりかけて、作物にはなるべくかからないようにしています。圃場の一部で試験しながら、薬害を最小限に抑えるギリギリのタイミングや使用量を見極めるのがコツです。

ゴウシュウアリタソウは今も生えますが、作物の根元に少しだけ。根絶できたハウスもあります。高値相場の真夏も、しっかり出荷できるようになりました。うたてぇ（ありがたい）なあ。皆さんまめにな。 **（岐阜県高山市）**

（写真提供：福原達人）

ウリ科
一年生

アレチウリ

夏前の共同草刈り、晩秋までの抜き取りが確実

長野・倉科秀光

アレチウリの花。葉の付け根に雄花と雌花をつける。他のウリ類のような果肉はつかない
（写真提供：東繁彦）

分布：本州〜九州、近年は北海道でも
生育期間：4〜11月
開花・結実時期：8〜11月

アメリカ北東部原産で、日本では1952年に静岡県で最初に発見。つる性で5〜8mに生長し、つるや実に粗い毛が密生する。1本から多い場合は7万8000粒のタネを生産。タネで越冬し、水系で広がり、畑地にいったん侵入すると覆い尽くして大きな被害をもたらす。特定外来生物。

２０１４年に発足した「西山地域農地・水・環境保全の会」は、長野県大町市の南西部にある西山地区の多面的機能支払の活動組織です。

餓鬼岳から流れ出る清流・乳川《ちかわ》が管内を流れ、国営アルプスあづみの公園の入口に位置する、水清き水田地帯です。このすばらしい環境と永々と育まれた「農の心」を守っていくべく、農道や水路の維持管理を基本に、外来植物の駆除、鳥獣害対策の電気柵の管理、花壇の植栽による景観形成など、さまざまな共同活動に取り組んでいます。活動面積は約１４０ha、構成員は約１９０人です。

十数年前から拡散

アレチウリは十数年前から地区に拡散し始め、遊休農地や畦畔、牧草地、河川や道路の法面などに侵入し、全体を覆い尽くすほどになりました。

当初、個人の所有地については土地所有者に刈り取りや除草剤の散布等、駆除をお願いしていましたが、所有者だけで刈り取るにはすでに大変な状態でした。除草剤散布についても、近隣

2014年10月、初めてのアレチウリ駆除の様子。場所は水路沿いの法面。刈り払い機につるが絡まり、実の周辺のとげとげが硬くて作業効率が悪かった

住民の理解が必要なことからなかなか進みませんでした。

10月からの除草では遅い

そこで会では14年度からさっそく、アレチウリの刈り取りと抜き取りの共同作業を始めました。日取りは10月18日、28人で早朝から昼まで取り組みましたが、初回だったこともあり、とにかくえらかった（大変だった）！

10月頃のアレチウリはつるが長く伸び、刈り払い機にすぐ巻き付いてしまう。つるを引きちぎろうと刈り払い機を振り回してお互い当たることのないよう、かなり配慮する必要がありました。抜き取り作業のほうも、手や腕がつるの毛で擦れてしまうし、すでに結実していてトゲも硬かったので難儀しました。

なんとか目立つところは片付けましたが、アレチウリをその場に残すとタネがこぼれてしまいます。集めて広げて乾燥させ、後日、会のメンバーである消防団の立ち会いで焼却処分しました。

夏前からの作業が有効でラク

翌15年からは7月に共同作業を行なうようにしました。この時期ならつるがあまり伸びていないので刈り払い機に絡まることも、トゲも軟らかいので株を抜くときに悩まされることもありません。結実前なので焼却処分する必要もない。さらに16年からは、8、9月にも作業を繰り返すようにしました。

すると4年目の17年には明らかにアレチウリが繁茂する範囲が狭くなってきました。7月の共同作業は10人以下の態勢で十分になり、8、9月は役員が随時アレチウリに気付いたら早めに抜き取るだけで目立たなくなってきたのです。

継続は力なり

対策を始めて8年が経過し、アレチウリが生える場所や量は当初の2割ほどまで減りました。とはいえ、いまだに発芽はしてきます。とくに管理の行き届かない大きな川沿いや遊休農地の傾斜面はタネが残りがち。根気よく刈り取りと抜き取りを継続することが大

作業後。結実前なので焼却せず積んでおくだけでよい

10月、遊休農地の法面で抜き取り作業をする筆者。1mほどのものならスポッと抜ける

事だと思います。現在の作業をまとめると次の通りです。

▼夏前に共同でローラー作戦

西山地区の場合、田植え作業が終わる頃から7月上旬の本格的な夏が来る前に1回、共同で刈り払いや抜き取りをしています。その際、なんとなく一列になってローラー作戦で作業すると見落としがありません。いまでは少人数で1時間半ほどで終わるほどラクになり、その分経費も減少しました。

▼晩秋まで数回抜き取る

夏前に共同作業した後も、役員が数回、ちょこちょこ抜き取りを繰り返しています。アレチウリは秋に発芽して霜が降りる頃に結実するものもあり、そのタネが翌年繁茂する原因になるからです。

　他の草に覆われているとアレチウリがわかりにくいのですが、夏前にいったん草を全部刈り払ってあれば、その後出てきても発見しやすくなります。

▼獣害対策でタネの侵入防止

　アレチウリの種子はイノシシやキツネ、タヌキなどの毛にくっつきやすく、これらの野生動物によっても拡散するようです。私たちは近隣の林内に2・6㎞の電気柵を設置し、多面の活動として週1回見回りをしています。おかげでかなり獣害が減ったのと同時に、アレチウリも減ってきたので、それだけタネが持ち込まれる数も減らせているのではと思われます。

▼除草剤も結実前が有効

　抜き取り作業をしにくい場所などでは、必要に応じて農耕地用の除草剤（エイトアップ 9）を散布しています。タイミングはやはり結実してからでは遅く、夏前の早い時期のほうが効果があると考えています。

地域全体で立ち向かう

　地区では近年、新たな特定外来生物、オオキンケイギクが問題になっており、昨春から隣接する地区同士が協力して共同作業で抜き取りをしています。

　こうした共同作業を続けていると、ある日、普段は見ない若者が参加することもあり、「あれ、誰の息子だ？」「おおよく来たな」なんて会話もできる。農村の共同作業は、世代を超えてコミュニケーションを図る場でもあると思います。

（長野県大町市）

最近増えてきた特定外来生物オオキンケイギクも共同作業で抜き取る。花びらの先が分かれ、花の中心まで黄色やオレンジ色をしている

除草剤を泡状塗布できる
狙い撃ちノズル

梁瀬《やなせ》俊之

ショートノズルタイプのパクパクPK89S
(2万1800円＋税)

除草剤を泡状で吐出し、株全体の1～3カ所に塗布するだけで除草できる。写真はアメリカセンダングサ

雑草に1～3カ所塗布するだけ

浸透移行性があるグリホサート系の除草剤を雑草の一部に少量塗布して、枯らしたい雑草だけピンポイントで除草できる、それがわが社で製造している除草剤塗布器「パクパク」の最大の特徴です。

除草剤は、１００～２００倍に希釈して雑草全体に散布するのが一般的な使い方です。しかし、作物の隙間に雑草が生えてしまった場合には、作物も枯れてしまうので散布できません。こうした場合は手で引き抜くしかありませんが、腰を屈めての引き抜きや引き抜いた後の運び出しは大変な重労働です。

そんなときにパクパクが役立ちます。雑草の1～3カ所に除草剤を塗布するだけなので、周囲の作物が枯れる心配はなく、ラクに除草作業が行なえます。

立って使えるロングノズルも開発

パクパクは、ダイズ畑における雑草の問題を解決するために、宮城県の古川農業試験場と農薬メーカーのシンジェンタジャパンとわが社の三者で開発しました。当初は、畑でダイズの丈を超えるほ

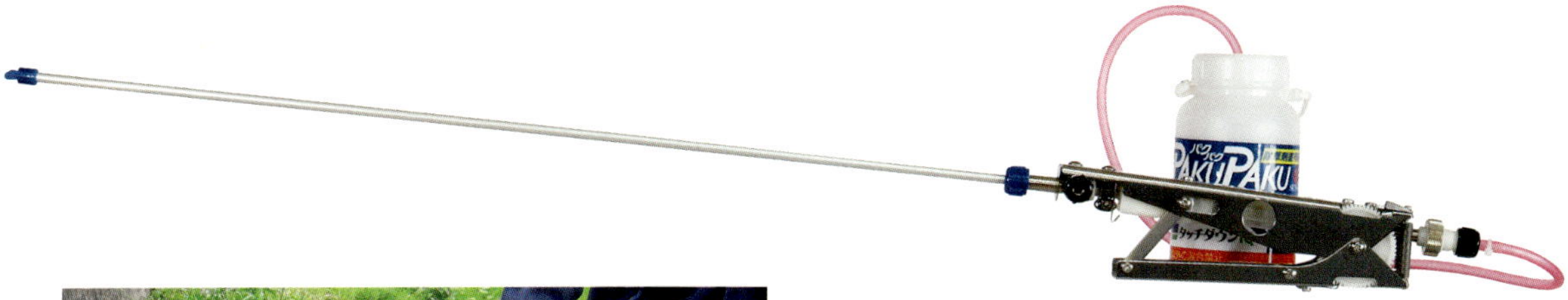

ロングノズルタイプの
パクパクロングPK89L
(2万1800円＋税)

ノズルの長いパクパクロングで除草。立ったまま作業でき、作物の隙間の雑草にも簡単に塗布できる

除草剤が効いて枯れ始めたオオオナモミ。浸透移行で根もしっかり枯れる

ど育った雑草を除草することを主な目的としました。草丈も1m以上を想定していたので、ノズルが短いショートノズルタイプを製造し、販売を始めました。

ショートノズルタイプは短いので扱いやすい反面、草丈の低い生育初期の雑草や地面を這うつる性雑草の除草に使う場合は、屈んで操作しなければいけません。そこで、低い草丈でも立ったまま操作できるロングノズルタイプも開発しました。

泡状だから垂れ落ちにくい

現在、パクパクを使用した泡状の少量塗布で農薬登録がある薬剤は、タッチダウンiQ [9] のみです。希釈倍率は2倍、原液が入ったボトルに水を加えて、よく攪拌してから使います。

薬液のボトルをパクパク本体に接続し、本体にあるピストンを引くとボトルから薬液が吸引され、本体に薬液が充填されます。この状態でパクパクの持ち手を一握りすると、0・1mlの薬液が泡状になってノズルから吐出。泡が雑草の葉や茎に塗布されると、浸透して根まで枯らすことができます。

泡状の薬液は塗布した箇所から垂れ落ちにくく、そのままの位置に20～30分ほ

ダイズ畑を覆い尽くしたアレチウリ。1株ずつ2～3カ所に塗布。トゲのあるタネも除草作業の邪魔になるが、パクパクなら触れずにすむ

電動アシストセット（2万8500円＋税）も開発。左手のスイッチを押すと自動的に薬剤を吐出。持ち手を毎回握らなくていいので、作業がラクになる。完全モーター駆動の一体型も好評発売中（3万5600円＋税）

ど留まったまま乾燥。これでしっかりと浸透が進み、安定した除草効果が得られます。

つる性・難防除雑草をラクラク退治

近年、帰化アサガオ類やアレチウリといったつる性雑草のダイズ畑への侵入が問題となっています。これらが畑に入り込んだまま放置されると、ダイズの茎葉に絡みついて手取り除草さえ困難になることもあります。

とくに特定外来生物に指定されているアレチウリは、手取りしたとしても生きたまま移動させることが禁じられているので厄介です。

そうした畑では、これらが蔓延する前にパクパクで除草することが効果的です。雑草を移動させることなく除草できるうえ、翌年の発生の温床となる種子の形成も抑制します。

また、北海道のテンサイ栽培でもパクパクの使用が広がっています。通常、テンサイ栽培では定植後に選択性除草剤を散布します。しかし、ツユクサやアカザといった一年生広葉雑草には効果が低く、残った草の手取り作業が課題です。パクパクロングなら、畑を歩きながら簡単に塗布できるので、手取り除草に比べて労力が減り、作業効率も上がると喜ばれています。

電動化でさらに使いやすく

パクパクの普及が進むにつれ、「作業はラクになったが、畑の面積が広いと、持ち手を何度も握るのでだんだん手が疲れてくる」という意見をいただくようになりました。そこで、モーターを使って持ち手を握る動作を助ける「電動アシストセット」を開発しました。

従来のパクパクにセットを装着すると、ボタンを押すだけで自動で持ち手が動き、塗布できるようになります。完全なモーター駆動方式となった一体型電動パクパクも好評発売中です。除草作業のさらなる省力化を目指して、今後も開発を続けていきたいと考えております。

（㈱サンエー）

＊製品の問い合わせ先　㈱サンエー
TEL：077-569-0333

イネ科
一年生
オヒシバ

緑に見えるのはすべてオヒシバ。他の雑草がグリホサート剤で枯れた後、畦畔を独り占めする（写真はすべて依田賢吾撮影）

話題の枯れないオヒシバに立ち向かう

分布：本州以南
生育期間：4～10月
開花・結実時期：7～10月

田んぼの中に入ってはこないが、斑点米カメムシの棲み家になる。地域によって、グリホサート抵抗性を持つ個体が急増中。気温が高いと、時期に関係なく種子を残しどんどん増える。

「枯れないオヒシバ」が、問題になっているという。ぞっとするような響きだが、この「枯れない」というのは「グリホサート系[9]の除草剤で枯れない」という意味。上の写真のように、ラウンドアップ[9]を散布して他の草がすべて枯れたアゼに、オヒシバだけが生き生きとした姿で残る事例が増えているのだ。

ジェネリック普及で広がった

グリホサート抵抗性のオヒシバが日本で初めて報告されたのは、2015年。その後、各地で報告が相次いでいる。とくにここ最近、茨城や埼玉などの北関東で版図《はんと》を急激に広げている（他に沖縄や岡山、三重などでも報告がある）。

グリホサートは植物体内へと浸透移行し、各部でアミノ酸の合成阻害を引き起こす。オーキシンなど生命活動に必要な物質をつくらせず、雑草を隅々まで枯らす。ところが、標的となるアミノ酸合成過程の部位に変化が出ると、とたんに効かなくなることがある。散布を続けていると、変異個体ばかりが残るようになり、いつの間にか枯れないオヒシバばかり……となってしまうわけだ。

最近は、サンフーロン[9]やコンパカレール[9]、タッチダウンiQ[9]などラウンドアップのジェネリック、つまり安いグリホサート系の除草剤が続々登場してきている。抵抗性が全国に波及した背景には、これらジェネリックの広がりもあるようだ。

他系統の除草剤なら効く

埼玉の例を見てみよう。県の農業技術研究センターの丹野和幸先生の論文を見ると、県内だけでも数タイプのグリホサート抵抗性が見つかっているようだ。重要な二つの突然変異を同時に持つ厄介な個体（「TIPS」と呼ばれる）も見つかっており、通常のオヒシバはグリホサートの有効成分量で10a当たり27g程度で枯れるところ、1320g散布しても枯れなかったという。

ただし今回発見された抵抗性は、幸いにもすべてがグリホサートに特異的なもので、他の除草剤は有効であることがわかった。つまりグルホシネート[10]（ザクサなど）、フルアジホップP[1]（ワンサイドP）などの他系統の非選択性除草剤には、感受性があるということだ。

右に埼玉県の加須農林振興センターから出されている防除体系の例を挙げた。

ローテーション防除が重要

便利なグリホサートだが、思った以上に抵抗性は発達しやすい。埼玉の例も、一つの抵抗性オヒシバから広がっ

水田畦畔でのグリホサート剤の散布

埼玉県が提案する水田畦畔・農道でのオヒシバ防除の一例

（埼玉県加須農林振興センター、JAほくさい）

3月中旬～4月上旬

（オヒシバの発生前～初期）

目的：発生抑制

カソロン粒剤6.7[29] －土壌処理剤

↓

6月上旬～7月上旬

（水稲出穂の2週間前まで）

目的：発生抑制と枯死（カメムシ防除）

ダイロンゾル[5]＋ザクサ液剤[10]
└土壌処理剤　└茎葉処理剤

↓

9月中旬～10月上旬

（水稲収穫後早め）

目的：枯死させて残留種子を減らす

アフターエイドフロアブル[1] －茎葉処理剤

（＋ラウンドアップマックスロード[9]）－茎葉処理剤

＊ラウンドアップは広葉雑草が多い場合

同じ成分が連続しないようになっている。土壌処理剤により発生個体数を減らし、散布回数自体を減らしているのも特徴。これに、刈り払いなども組み合わせる。

たのではなく、あちこちで同時多発的に発生していたようだ。

複数の剤に抵抗性を持ってしまうと、さらに厄介なことになる。マレーシアではグリホサートに加え、同じく非選択性の除草剤であるグルホシネート[10]、パラコート[22]（プリグロックスL）、さらにはACCase阻害剤[1]に対して抵抗性を持つオヒシバが発見されている。

突然変異個体は通常環境では通常の個体より弱く、除草剤の連用さえやめれば消えていく場合が多い。上手なローテーションを組んでいきたい。編

オヒシバ

グリホサート抵抗性のオヒシバ
中干し時期のザクサで抑える

茨城・中島裕也

きれいに茶色く枯れる

ラウンドアップなど、グリホサート[9]で枯れないオヒシバは、うちの周りでも増えてきています。とくに気になり始めたのは、昨年から。そこでグルホシネート系[10]の除草剤で対応しています。

とくに効果があるのは、6月下旬～7月上旬（中干し時期）のザクサ[10]の散布です。この時期に減らしておけば、出穂前の防除（カメムシ対策）がとてもラクになります。ザクサはかかった部分だけに効き、根までは枯らさないので、アゼが崩れず、イネにかかっても薬害が出にくいのが特徴です。同じグルホシネート系のバスタ[10]よりも有効成分が濃く、土に落ちた薬剤は微生物に分解され、環境にもそう悪くない。

グリホサートばかり使っている農家の畦畔では、オヒシバだけが出穂時期まできれいに枯れずに残っていますが、ザクサをまいたアゼでは、きれいに茶色く枯れてくれます。

土壌処理剤との混用で

根まで枯らさないためか、ザクサはグリホサートと比べて次の草が生えてくるまでが早い。そこで2年ほど前から、僕は100倍のザクサに対して、

筆者（22歳）。2022年のイネの作付け面積は約15ha

茨城県が推奨、茎葉処理剤＋DCMU水和剤（「平成29年度普及に移す成果」より）

ラウンドアップ9やザクサ10に土壌処理剤のDCMU水和剤5（商品名：ダイロンゾル）を混用すると、抑草期間が長くなるため刈り払いを1回減らすことができ、コストの節減にもつながる。編

ダイロンゾル混用処理の植被率の推移（茨城県農業総合センター農業研究所、2016年）

	処理日	除草完了日（A）	被覆率が再び100%になった日（B）	抑草期間（A～B）
ラウンドアップマックスロード＋ダイロンゾル	6/15	7/8	9/14	68日
ラウンドアップマックスロード（単剤）	6/15	7/8	9/2	56日
ザクサ液剤＋ダイロンゾル	6/15	7/8	9/9	63日
ザクサ液剤（単剤）	6/15	7/8	8/25	48日
刈り払い区（1回目）	6/15	6/15	7/8	23日
刈り払い区（2回目）	8/9	8/9	9/9	31日

各処理の除草コスト（100㎡当たり）

ラウンドアップマックスロード＋ダイロンゾル（処理1回）	827円
ザクサ液剤＋ダイロンゾル（処理1回）	857円
刈り払い2回	1440円

土壌処理剤のカーメックス顆粒水和剤5を300倍で混用しています。DCMU剤のカーメックスは、次に生えてくる雑草を遅らせるのに有効です（表）。

また、ザクサはかかった場所しか枯れないので、薬剤がよく付着するように展着剤サーファクタントを加え、3種類混用で使っています。

そして、ザクサはグリホサート剤より、たっぷりかけるようにしています。グルホシネート系の除草剤をラウンドアップ専用ノズルなどの少量散布ノズルでまくと、散布量が少なすぎてほとんど枯れません。よく「ザクサは枯れない」と言う人がいますが、散布量が足りていない場合があると思います。

場所によってはグリホサート

ところが、ザクサはクズやヤブガラシには効きが弱い。そこで、これらのつる性雑草が出ている場所では、グリホサート系のタッチダウンiQ9で対応しています。

また、イネ刈り前のアゼが崩れても問題ないときや、根から枯らして草をなくしたいときにもタッチダウンiQを使います。ザクサと違い少量で効くので、少量散布用のノズルを使用。ノズルの違う背負いのバッテリー噴霧器を2台持ち、片方にザクサ、もう片方にタッチダウンiQを入れて場所に応じて使い分けています。

（茨城県つくば市）

グリホサート抵抗性ネズミムギに効く除草剤は？

グリホサート抵抗性はオヒシバの他、ネズミムギ、ヒメムカシヨモギ、オオアレチノギクなどで報告されている。このうちネズミムギは静岡県、愛知県の西三河地域の水田地域を中心に問題となっていて、グルホシネート抵抗性も持った複合抵抗性の個体も発見されている。

愛知県でネズミムギへの効果的な除草剤、除草時期を検討したところ、展着剤を加用したワンサイドP（フルアジホップP乳剤）[1]が最も高い効果を示すことがわかった。また、その処理時期はネズミムギの草丈が30cm以下である1月中旬や2月中旬が効果的で、大きくなった4月には効果が落ちた。

ワンサイドPは茎葉、根から吸われる浸透移行性の剤。イネ科雑草専用剤なので、イネ科以外の雑草がある場合は他の剤の散布が必要になる。

編

各除草剤のグリホサート抵抗性ネズミムギ防除効果

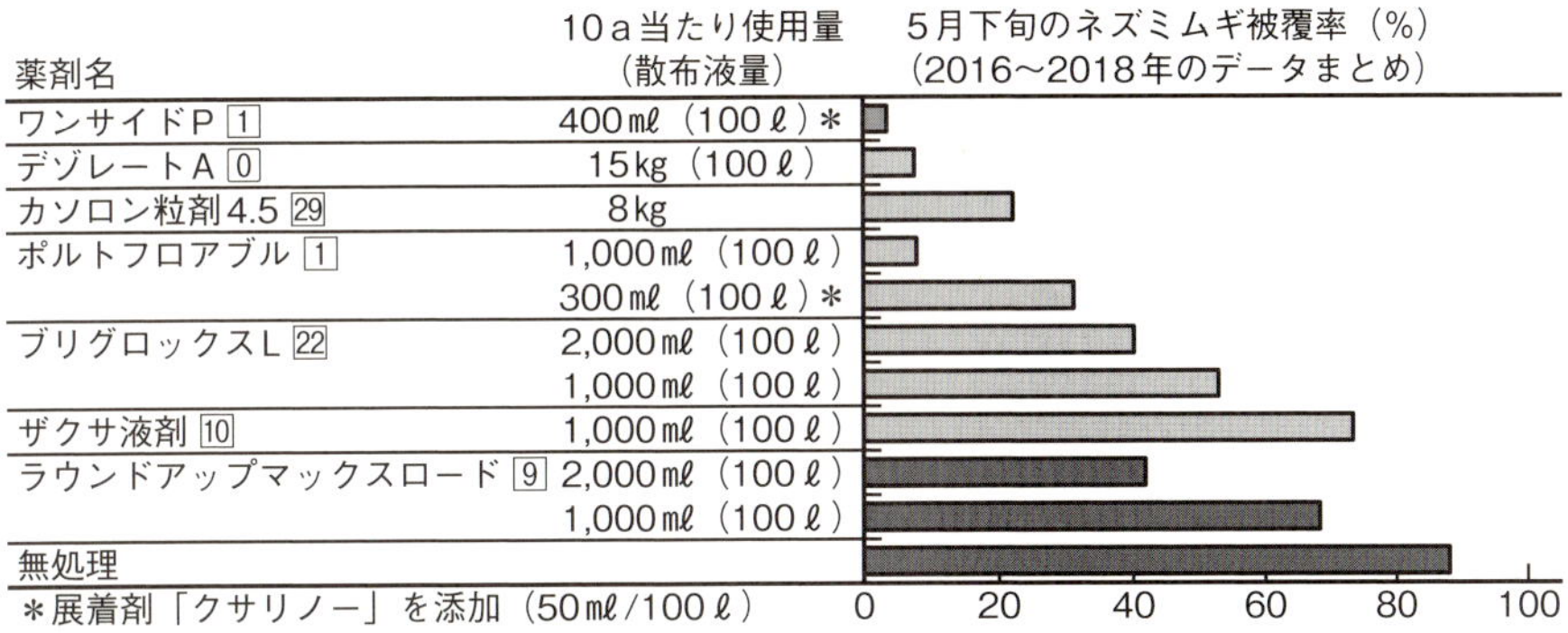

ネズミムギ。イタリアンライグラスとも呼ばれる、一年生（越年生）のイネ科雑草
（写真提供：浅井元朗）

散布時期の違いによる、ワンサイドPのグリホサート抵抗性ネズミムギ防除効果

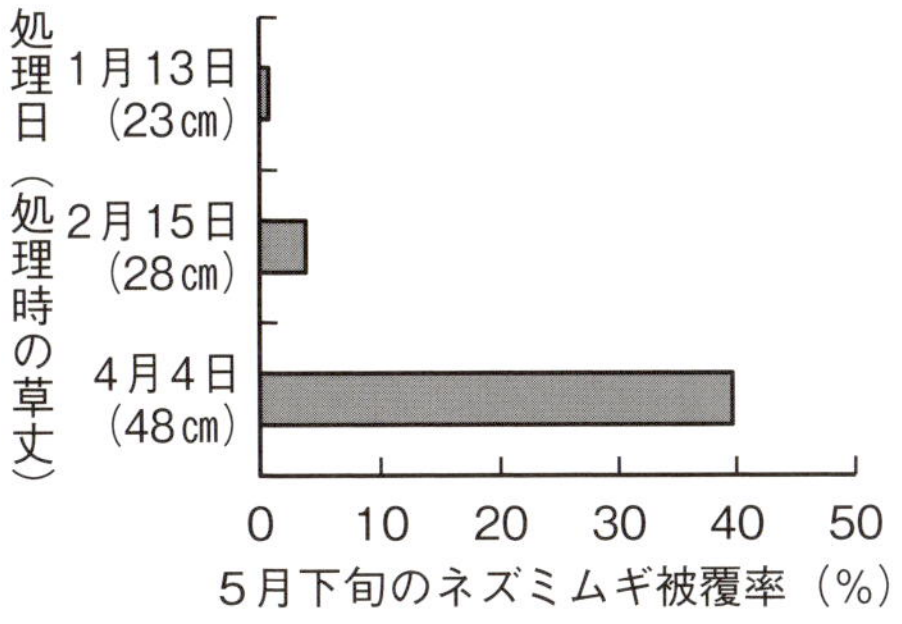

ダイズ畑の厄介な雑草

ツユクサを晩播《ばんぱ》狭畦《きょうけい》栽培と除草剤で抑える

工藤忠之

遮光率90%で生育抑制

青森県内のダイズ生産者に「栽培で一番の問題は?」と聞くと、だいたい「雑草」と返ってきます。続けて「一番困っている雑草は?」と聞くと、だいたい「ツユクサ」と返ってきます。

収穫のとき、この雑草が機械に入るとダイズが汚れるため、収穫前には抜き取りが必要となります。ところが、これがまた大変な作業です。ダイズを覆うほど発生すると減収も招きます。今回はこの大変厄介な雑草、ツユクサの防除対策について紹介します。

ツユクサは種子で繁殖し、夏の高温で出芽しなくなる、という特性があります。また、除草剤が効きにくいイメージをお持ちの方も多いのではないでしょうか。対策を立てるに当たり、改めてその生育特性を調査し、除草剤の効果についても比較しました。

生育特性について、ダイズ圃場での出芽期間は4月下旬~7月下旬であること、出芽後は90%程度の遮光条件で生育が抑えられること、中耕・培土作業でツユクサをすき込んでも一定程度は再生することがわかりました。

除草剤については、非選択性茎葉処理剤4種を比較し、プリグロックスL[22]が低価格で効果が高いこと、土壌処理剤では3種（ラクサー乳剤[5][15]など）を比較して、いずれの剤も効果はあれど完全に抑えるには不十分であることがわかりました。選択性茎葉処理剤は3種を比較し、パワーガイザー液剤[2]の効果が高いものの、ダイズ「おおすず」への薬害（生育抑制）を回避するためには、ダイズ本葉展開期までの散布が必要だとわかりました。

ツユクサ激発圃場。手取り除草を進めている途中。手前の黄色っぽく色づいたのがダイズで、その少し奥に繁茂しているのがツユクサ

6月中旬以降に播種

これらの結果から防除のポイントをまとめると次のようになります。

①ダイズの播種時期を遅くして、多くのツユクサを出芽させる。
②播種前に出てきたツユクサは、プリグロックスLで枯らす。
③遅い播種でもダイズの茎葉を早く茂らせ、遮光の効果を早く得る。
④播種後に土壌処理除草剤を散布。
⑤その後出芽してきたツユクサにはパワーガイザー液剤を散布。
⑥中耕・培土作業を行なわない。

③と⑥を満たす栽培法に、6月中旬以

降の播種に適した「晩播狭畦栽培」があります。1経営体当たりの経営面積増加や、通常のダイズ播種時期（5月中下旬）の天候不順などによる播種作業の延長に対応した栽培法として、以前から県内で推奨しています。

播種条間を慣行の約半分に狭め、播種量を播種適期の2割増しの密植とすることで、ダイズ茎葉による遮光を早め、雑草の生育抑制が期待できます。さらに、適期播種に比べて栄養生長期間が短縮し、生育量は小さく倒伏リスクが低くなるため培土作業が不要となります。病虫害増加などのデメリットは見られず、6月中旬以降の同時期播種の慣行条間と比較して、中耕・培土作業、手取り除草時間（主にシロザやタデ類）、コンバイン収穫ロスの低減が図られ、現地圃場において1～4割増収することがわかっています（ツユクサ害のない圃場での調査）。

晩播狭畦栽培
慣行栽培
条間30～40㎝
条間70㎝
28本/㎡
24本/㎡
遮光率91%
圃場の遮光率66%
播種様式の違いとダイズ「おおすず」の生育状況。播種はどちらも6月下旬、生育写真は8月上旬撮影。慣行の播種密度だと十分な遮光効果を得られていない。青森県での通常の播種適期は5月中下旬

1割程度にまで抑えた

ただし、これまで晩播狭畦栽培による

晩播狭畦栽培を取り入れたツユクサの防除対策

時期	播種前	6月中下旬	播種後	ツユクサ発生後～ダイズ本葉展開始期（ツユクサ発生始期～２葉期）
作業	ツユクサ出芽後プリグロックスＬを散布600㎖/10a	晩播狭畦栽培	土壌処理除草剤を散布	（発生に応じて）パワーガイザー液剤を散布300㎖/10a
目的	栽培期間中の発生数を減らす	遮光効果の獲得を早める中耕・培土を省く	出芽数を減らす	発生数を減らす生育量を抑える

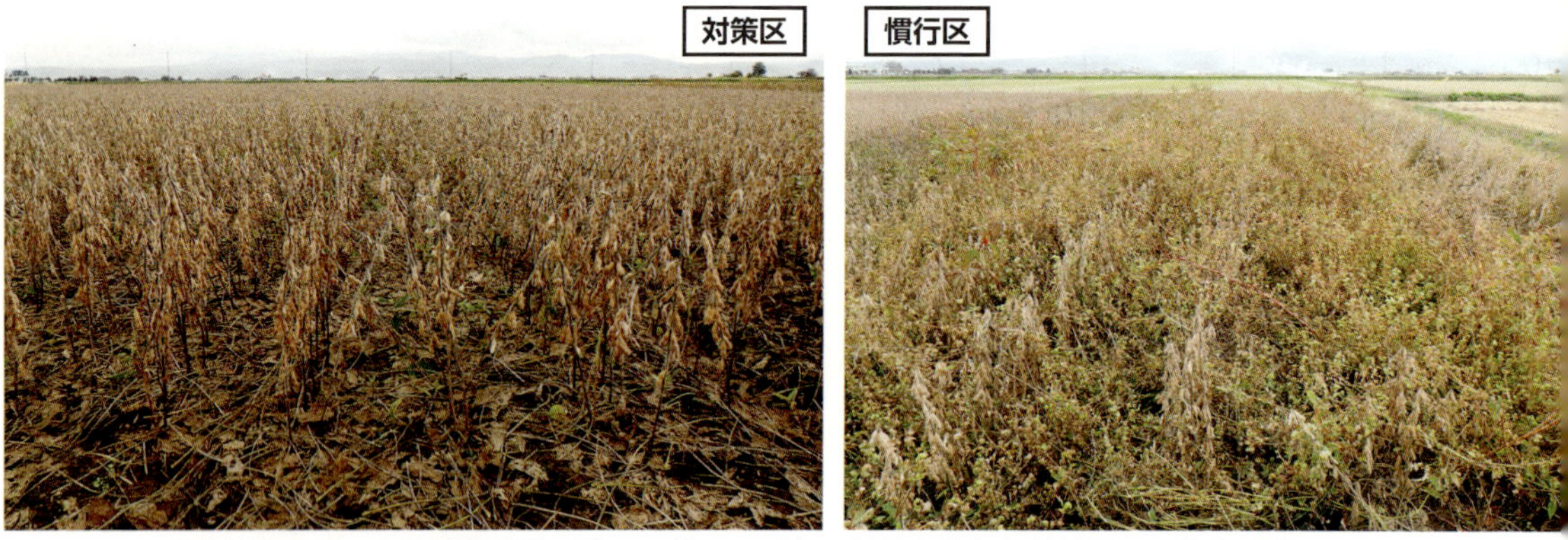

成熟時期のツユクサ繁茂状況の違い。前ページ表の対策を施した対策区では発生が少ない。慣行区は6月初旬播種

ツユクサの防除効果については詳しく検討されていませんでした。そこで今回、この栽培法を取り入れたツユクサの防除対策を考案（前ページ表）。実際の多発圃場で効果を確認してみました。

上2枚の写真は、ある地区の試験におけるダイズ成熟期の状況です。いずれも手取り除草はしていません。慣行区と比べて対策区では、明らかにツユクサの発生を抑制できました。

別の地区の試験では、播種機の不具合で6条播きの両端の条に欠株が多発。その結果が現われたのが左の写真です。欠株部分でのツユクサの発生が明らかに多く、抑制にはダイズ茎葉による遮光が必要だとわかります。

いずれの多発圃場での試験でも、対策区ではダイズの苗立ちと生育を確保することでツユクサの生育を抑制し、種子の生産量を少なくすることができました。図はダイズ収穫前のツユクサ被度と坪刈り収量です。対策により、被度は慣行区の1割程度に低減、収量は3～6割の増収となりました。

他の地域や異なる品種でも、大まかな流れは参考になるのではないでしょうか。さらに具体的な内容を当研究所ホームページに掲載していますので、参照いただければ幸いです。

（青森県産業技術センター農林総合研究所）

ダイズに欠株が多く出た場所では、ツユクサが繁茂してしまった

ツユクサ被度と坪刈り収量

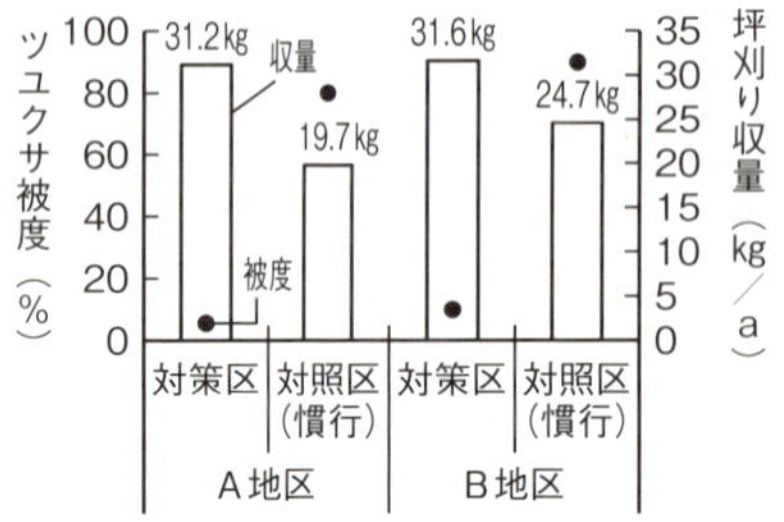

被度は成熟期のダイズ圃場を覆うツユクサの面積の割合。調査では、2地区とも対策区で被度が少なく、坪刈り収量が高くなった

田畑の雑草防除事典

野菜畑の雑草

根が深く、除草剤で枯れにくい

群生しているスギナ。
高さは20～40㎝
（浅井元朗撮影、以下表記のないものすべて）

スギナ

トクサ科　多年生

全国に分布。胞子（胞子体はツクシ）と根茎、塊茎で広がり、春に繁茂して夏から秋は地上部が枯れる。

根茎の節は地上茎を出し、塊茎をつけたりする

強み　光合成でつくる栄養は、茎葉の生長に少し使われた後、大部分が根茎・塊茎にいく。根が深くまで張り、移行性の非選択性除草剤をまいても完全には枯らしきれない。また、根茎は1節に分断されても芽を出せる。

弱み　頻繁な耕起や、遮光に弱い。

防除のポイント　小さいうちに移行性の非選択性除草剤を繰り返しかけて茎葉の繁茂を抑える。畦畔や法面などではアージランなどのアシュラム剤やザイトロンなどのトリクロピル剤の反復処理が効果的。

畑雑草編

『原色 雑草診断・防除事典』より

初期除草のための雑草事典

ハマスゲ

カヤツリグサ科　多年生

コウブシ、クグ、ヤカラとも呼ばれ、関東以西に多く、とくに暖地に多い。種子と塊茎で繁殖。

強み　塊茎で繁殖し、ひと夏で1個の塊茎から300個以上の新塊茎が形成されることもある。塊茎は、土中30㎝からでも芽を出すことがある。ロータリ耕などで切断すると芽を出すのを促進する。

弱み　塊茎は乾燥・低温に弱く、水分21%以下になるか、－5℃以下に2時間以上さらされると死滅。地上部は遮光に弱い。

防除のポイント　乾燥・低温に弱いので、秋の耕起が有効。遮光にも弱いので、発生個所を作物で覆うとかなり減らせる（36ページ）。

地下30㎝から生える、塊茎は1年で300倍に

茎は細いが硬く、分枝はしない

塊茎から芽を出している。乾燥と低温には弱い

スベリヒユ

スベリヒユ科　一年生

イハイヅル、ツルツル、ヨッパライなどと呼ばれ全国に分布。5月上旬頃から開花する。

強み　地面を這って生育して初期生育の遅い作物を覆い尽くす。引き抜いた個体を畑に放置すると、再び根付いて開花、結実するほど生命力がある。1個体で2万粒の種子をつける。

弱み　遮光に極めて弱い。出芽深度が1～2㎝と浅い。

防除のポイント　早めに中耕、除草剤で防除して畑に種子を落とさない。出芽深度が浅いので、土壌処理剤の効果が高い。

引き抜くだけではすぐ根付いて結実

葉は多肉質で、乾燥や高温に強い。このくらいのものを抜いて放置すると再び根付くので、抜き取ったら必ず圃場の外に運び出す

ゴウシュウアリタソウ
ヒユ科　一年生

オーストラリア原産、全国各地で4～11月に発生。とくに6～9月の高温期に旺盛に生育する。

出芽15日で開花、24日で結実

茎は基部から分枝し、地面を這う（岩崎泰史撮影、右も）

芽生えの姿。生育サイクルが短いので、手除草や除草剤などで早めに対策を立てる

強み　生育サイクルが極めて速く、芽が出て15日で開花、24日後には発芽可能な種子をつける。独特のニオイがあり、出荷物に混ざると販売できないこともある。とくにホウレンソウ、コマツナなどの収穫物に混ざると、調製作業の効率が悪くなる。

弱み　遮光に極めて弱い。

防除のポイント　家畜糞堆肥を投入する場合は、よく腐熟・発酵させた完熟堆肥を使い、持ちこまないのが基本。多発したら、背の高い作物や緑肥を栽培して日陰をつくると効果的。

ツユクサ
ツユクサ科　一年生

アオバナやボウシグサなどと呼ばれ全国に分布。3月頃から芽を出す。

強み　地下10㎝からでも発芽できるため、土壌処理剤の効果が低い。作物の陰でもよく生育し、肥料を奪い取る。土壌中の種子の寿命は25年以上と長い。

弱み　出芽時期が早く、夏作物の作付け前に芽を出す。

作物の陰でもよく育つ、土壌処理剤が効きにくい

芽生えの姿

生育中期。地面に接した節からも発根する

コハコベ

ナデシコ科　一年生

ヒヨコグサやピヨピヨグサなどと呼ばれ全国に分布。冬生で春に繁茂して夏に枯れるが、涼しい地域では年中生育する。

強み　抜き取ったものを放置したり、土に埋めたりしても節から発根して再生する。出芽から１～２カ月で結実し、１個体１万8000粒の種子をつけ、その寿命は25年以上と長い。

弱み　乾燥に弱い。

防除のポイント　土壌処理剤で防除するのが基本。中耕は、土壌が乾燥している時期にやると効果が高い。

開花群落。地際から多く分枝し、節からも発根する

防除のポイント　芽が出るまで夏作物の作付けを待ち、耕起や茎葉処理剤で防除。種子の寿命が長いので、畑に種子を落とさないようにする。

深さ別、畑雑草の芽生え対策

種子で増える雑草

一年生雑草の芽生えの力は、種子のサイズに左右される。種子が小さいと出芽深度が浅く、大きくなるほど深くなるのが一般的。

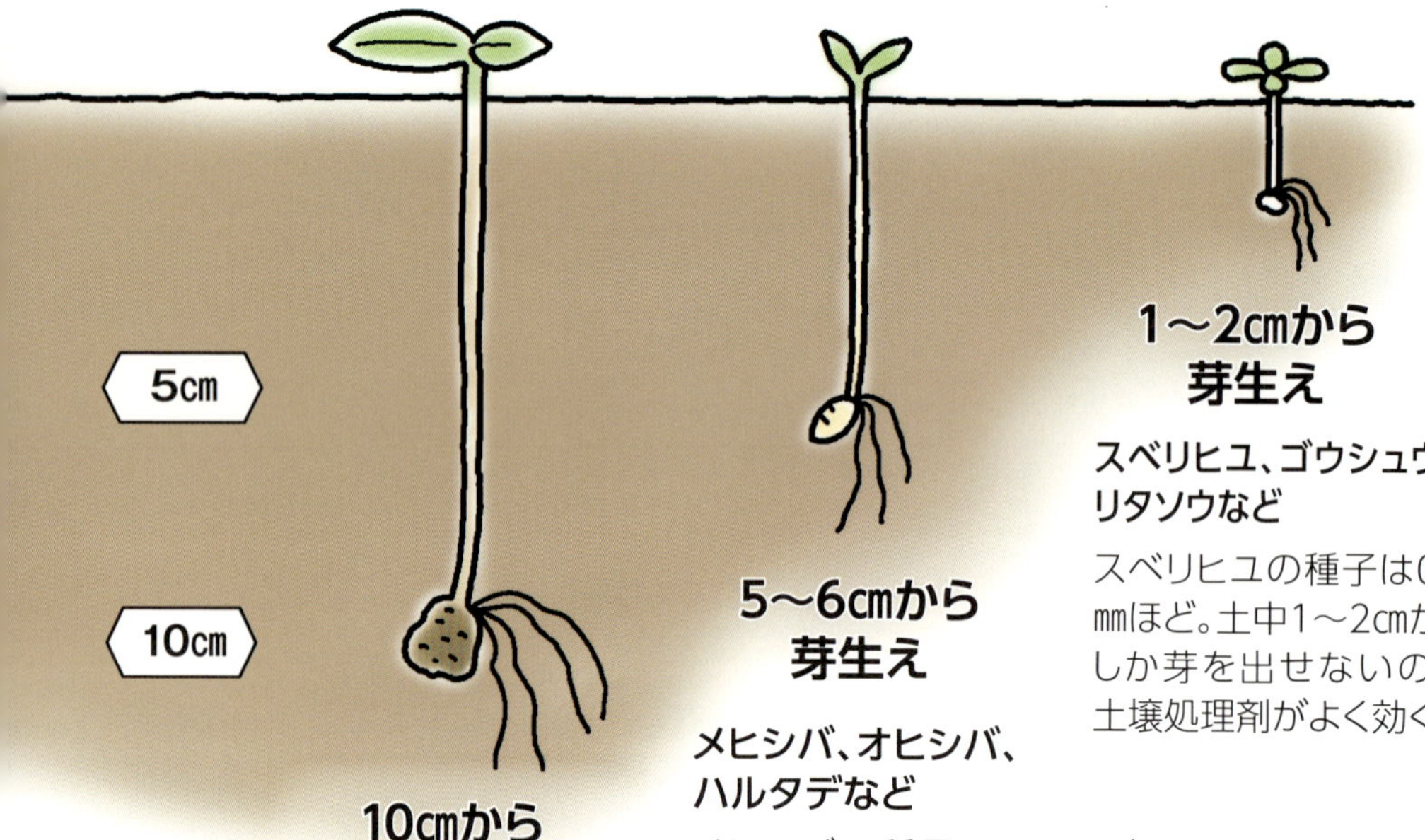

1～2㎝から芽生え

スベリヒユ、ゴウシュウアリタソウなど

スベリヒユの種子は0.6㎜ほど。土中1～2㎝からしか芽を出せないので、土壌処理剤がよく効く

5～6㎝から芽生え

メヒシバ、オヒシバ、ハルタデなど

メヒシバの種子は2㎜ほどで、寿命は3年ほど。土中5～6㎝からも芽を出せるので土壌処理剤では完全に処理できない。秋にプラウ耕した後、不耕起栽培を続けると効果が高い。同じ方法でスベリヒユなども減らせる

10㎝から芽生え

ツユクサ、イヌビエなど

ツユクサの種子は3～4㎜で、25年後でも2割は発芽するといわれる。土中10㎝からも芽を出せるのでプラウ耕の効果は低い。出芽したものを茎葉処理剤で叩くか、中耕除草

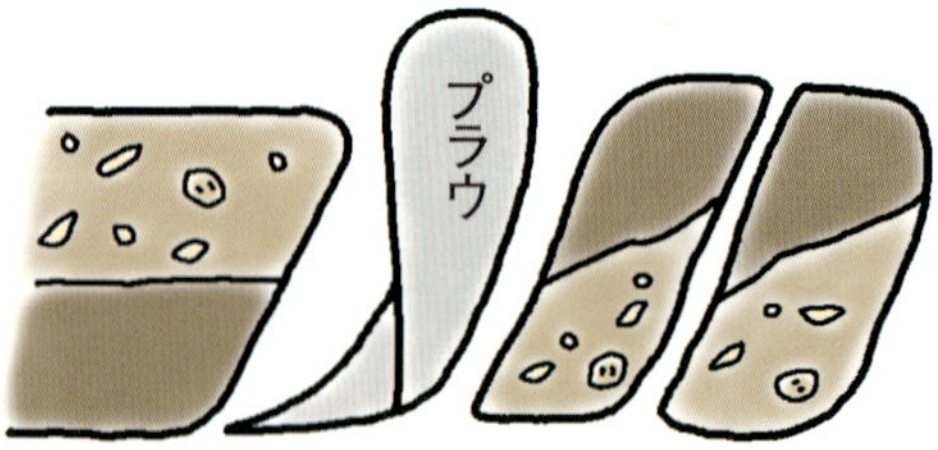

プラウ耕により表層付近の土を土中10㎝以下の層に埋め込む。その後3年ほど不耕起か、浅いロータリ耕をするだけで栽培すれば、メヒシバなどの種子は発芽せずに死滅する

根茎・塊茎で増える雑草

多年生雑草は主に、根茎・塊茎で増えるが、
芽生えの深さは雑草の種類によりさまざま。

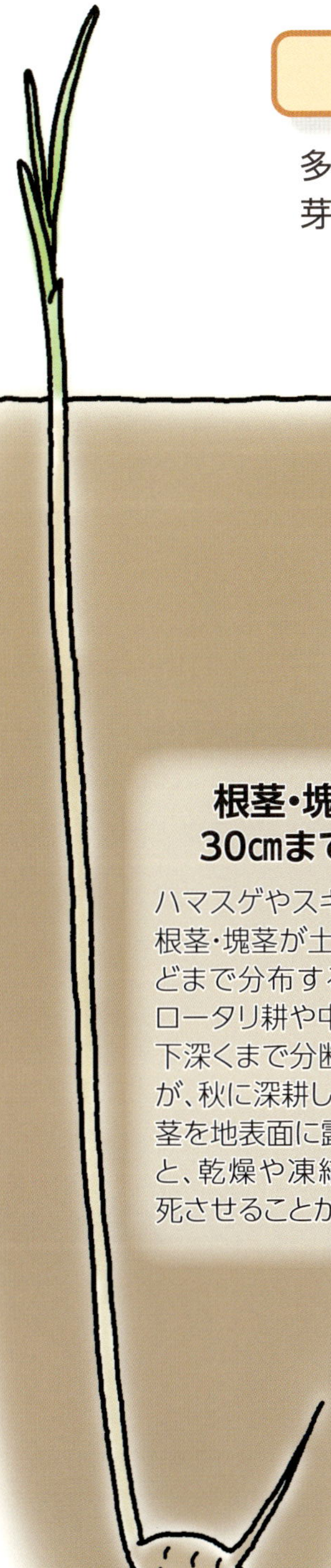

根茎・塊茎が30㎝まで分布

ハマスゲやスギナなどは、根茎・塊茎が土中30㎝ほどまで分布する。通常のロータリ耕や中耕では地下深くまで分断できないが、秋に深耕して根茎・塊茎を地表面に露出させると、乾燥や凍結により枯死させることができる

根茎が10㎝ほどに分布

セイタカアワダチソウなどは根茎が土中5～10㎝に分布するため、通常のロータリ耕や中耕で根茎を分断できる。分断されても根茎に残った養分を使い再び芽を出すが、頻繁に耕起すればやがて養分を使い切って根絶できる

根茎・塊茎は乾燥・低温に弱い

ダイズ畑の雑草

アメリカアサガオ

ヒルガオ科　一年生

熱帯アメリカ原産で、江戸時代末期に観賞用に導入された。東北以南に分布。

芽生えの状態。このくらいの時期から茎葉処理剤を散布

アメリカアサガオの花

強み　出芽深度が深く、出芽は春から秋までと期間が長いため、土壌処理剤がほとんど効かない。つる性でダイズに絡みついて生育を阻害するうえ、つる同士が絡み合うと収穫が困難になる。

弱み　2葉期までであればバサグラン（ベンタゾン）の効果は高い。

防除のポイント　バサグラン全面処理、中耕・培土、バスタなどグルホシネート剤のウネ間・株間処理を、2週間ごとにやるのが基本となる。

イヌホオズキ

ナス科　一年生

バカナスとも呼ばれ、日本全国に分布。7～11月いっぱいまで結実する。

強み　霜が降りるまで生育を続ける。果実は球形で多汁質の果肉があり、ダイズの汚損粒の原因になる。土壌処理剤、茎葉処理剤の効果が低い。

弱み　遮光に弱い。

防除のポイント　中耕・培土を丁寧にやり、作物の生育を旺盛にして遮光する。汚損粒発生を防ぐため収穫前に必ず抜き取る。

晩秋まで生育、
果汁がダイズを汚す

茎は斜めに分枝して横に広がる（越智弘明撮影）

2mほどの草丈

シロザ

ヒユ科　一年生

全国に分布。8～10月にかけて開花・結実する。

強み　1個体が30万粒の種子をつけたものもあるくらい種子生産量が多く、種子の寿命も長い。一度種子を落とした圃場では、耕耘するたび出芽する。茎は木質化して強靭。バサグランも効きにくい。

弱み　出芽深度が浅い。

防除のポイント　土壌処理剤で処理。中耕・培土で防除できる限界は2～3葉期程度まで。

芽生えの姿

成熟した果実

ムギ畑の雑草

畦畔や飼料畑から侵入、
ムギの背丈を越える

開花期。出穂すると草丈150㎝にも達する

多数の小穂を節ごとに交互につける

ネズミムギ
イネ科　一年生

別名イタリアンライグラスで、全国各地で牧草として広く栽培されている。

強み　ムギよりも遅れて出穂するが、ムギの背丈を越えて生育。

弱み　種子は湛水に弱い。

防除のポイント　ムギ播種後にトレファノサイド（トリフルラリン）や、ボクサーなどプロスルホカルブを含む土壌処理剤で処理すると、1カ月程度出芽を抑制できる。田畑輪換できる圃場であれば、イネを育てることが対策になる。

ヤエムグラ
アカネ科　一年生

北海道に少なく、暖地に多い。水田型と畑地型の2種類がある。

強み　茎や葉にトゲがあり、ムギに寄りかかって立ち上がる。種子にもトゲがあり、衣服などにくっついて広がる。

弱み　畑地型の種子は湛水に弱い。

防除のポイント　ボクサーなどプロスルホカルブを含む土壌処理剤と、エコパートなどピラフルエチルを含む茎葉処理剤で防除。イネを育てることで畑地型の種子は死滅する。

茎にも葉にも種子にもトゲ

生育初期。葉は4～8枚が輪生状につく

葉の先端が巻きひげとなってムギに絡みついて茎が立ち上がる

カラスノエンドウ

マメ科　一年生

別名ヤハズエンドウで、本州以南に分布。温暖地では4月上旬に開花が始まる。

強み　出芽深度は10㎝以上と深く、出芽が長期間続くため土壌処理剤だけで防除するのは難しい。結実がムギの収穫と重なるため収穫物に混入し、選別は困難。

弱み　土壌処理剤、茎葉処理剤の中には効果が高いものがある。

防除のポイント　ムギ播種後に比較的効果の高い土壌処理剤を、生育期に茎葉処理剤を使って体系処理。土壌処理剤はリベレーターなどジフルフェニカン剤、茎葉処理剤ではアクチノール（アイオキシニル剤）の効果が高い。

トゲでムギに寄りかかって茎が立ち上がる。ムギを押し倒すこともある

その他参考：
『植調　雑草大鑑』
（全国農村教育協会）

水田雑草編

DVD『雑草管理の基本技術と実際』より

ノビエ

イネ科　一年生

1.2葉期
イネそっくりな姿で
人の目を惑わす
1葉
2葉
鞘葉

（皆川健次郎撮影、以下Mも）

強み　1株で7000粒もの種子をつけ、種子の寿命は10年。「ノビエは3代たたる」といわれるほど。

弱み　土中2㎝より深い種子は発芽しない。2葉期までは葉を水面に漂わせ、根が弱い。

防除のポイント

①根も葉も貧弱な2葉期までに深水で抑える。15㎝以上の水深が有効。

②2回代かき。まず、田植え1カ月前にたっぷりの水で浅く荒代かき。その後、水深を浅くして地温・水温を上げて一斉に出芽させ、浅く植え代かきで埋め込む。

③一発処理剤もノビエ2葉期まで使用可能としているものが多いが、最近は4葉期まで使えるものもある。

＊ここで取り上げるどの水田雑草にも一発処理剤が使われるが、SU剤抵抗性マークがついたものはスルホニルウレア（SU）系除草剤の抵抗性雑草が出現している。こうした雑草が出ている場合は、SU剤以外の成分を含む一発処理剤（「SU抵抗性に効く」と宣伝されている）を選ぶ。抵抗性が疑われる場合は、農業試験場や普及センター等に問い合わせを。

イネとノビエの見分け方

ノビエ
イネ
葉舌
葉耳

イネには葉舌と葉耳があるがノビエにはない

穂を出したノビエ。イネより草丈が大きくなる（倉持正実撮影、以下Kも）

開花期

イネとともに
日本にやって来た草
SU剤抵抗性

葉より低いところに紫色の花が咲く。葉は丸みを帯びた舟形（『最新 農業技術事典』より）

コナギ

ミズアオイ科　一年生

強み　種子の寿命は10年以上、吸肥力が強い。還元状態（酸素不足）に強い。

弱み　土中が還元状態にならないと発芽しない。土中2㎝より深いところにある種子は発芽できない。

生育中期

発芽したばかりのときは先がとがった線形の葉だったのが、葉柄を持つ舟形の葉になる（M）

防除のポイント

①前年秋から耕耘、ウネ立てするなどして土を乾かし、イナワラの分解を進めておくと、代かき後に還元状態になりにくいので発芽しにくくなる。

②米ヌカやレンゲ、菜の花など有機物を浅くすき込んで湛水、代かきする。土中が還元状態（酸素不足）になって発芽、そこに有機物から出た有機酸が効いて枯死しやすくなる。

③有機物表層施用＋2回代かき。有機物を浅くすき込んで高速で荒代かき、泥をトロトロに。7～10日間湛水した後、いっそう浅く植え代かき。発芽して生き残ったコナギは水に浮いて風で吹き寄せられ、発芽していない種子はトロトロ層の下に沈んで発芽できない。

コナギとイヌホタルイの見分け方

3～4葉期

コナギ
イヌホタルイ

コナギは葉幅が広く黄緑色、イヌホタルイの葉は細くて濃い緑

1～2葉期

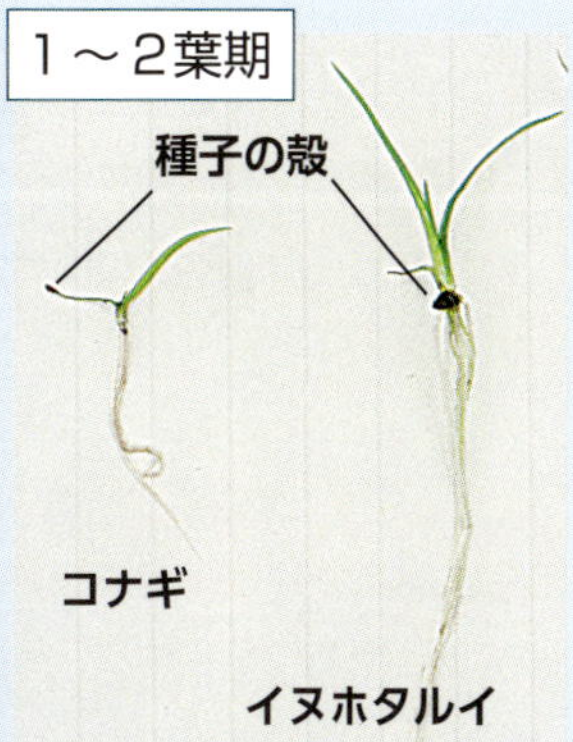
種子の殻
コナギ
イヌホタルイ

コナギは1葉の先に種子の殻がついている。イヌホタルイの場合は根元にある

オモダカ

オモダカ科　多年生

矢じり形の大きな葉、肥料も光も横取り

SU剤抵抗性

強み　土中に散らばった塊茎からだらだらと１カ月くらいにわたって発生。吸肥力が強く、矢じり形の大きな葉で光を奪う。

弱み　塊茎の寿命は１年、乾燥に弱い。

生長したオモダカは矢じり形の大きな葉が特徴

初期はウリカワに似た線形葉だったのが、へら葉に変わる（M）

球茎でくちばし状の芽がついている（M）

球の部分は5㎜程度で小さい（浅井元朗撮影）

3～4葉期になると地下茎を伸ばして分株をつくる（K）

防除のポイント

①地下茎を伸ばした先にできる塊茎は水分30％以下になると死滅。田畑輪換で１～２年畑にするのが効果的。

②早期栽培などでは、イネ刈り後に再生した株が塊茎を増やさないように茎葉処理剤で枯らす。

③一発処理剤の効果が不十分なときは後期除草剤で防除。

ミズガヤツリ
カヤツリグサ科　多年生

紡錘形の塊茎は
刻まれても平気
開花期
（森田弘彦撮影）

切断されても一つ一つの節から
芽を出す（M）

防除のポイント
①秋冬にプラウ耕。塊茎は冬の寒さと乾燥に弱い。
②丁寧な代かきで塊茎を酸素が少ない土中に埋める。湛水土中では芽を出せない。
③中干し以降に休眠していた塊茎が芽を出したときは、茎葉処理剤でスポット処理。

強み　一つの塊茎から１～２m四方まで地下茎を伸ばし、子株、孫株を増やす（条件がよいと、５月に芽を出した１株から800～1000株に増殖）。秋になると地下茎の先にできる紡錘形の塊茎は、一つ一つの節から芽を出すので、ロータリなどで切断されても平気。

弱み　芽を出すときに畑並みの酸素が必要。土中１㎝程度の深さまでしか芽を出せない。

ウリカワ
オモダカ科　多年生

強み　夏、地下茎を伸ばして次々に分株を増やす。秋、地下茎の先にできる塊茎は小さく、水に流されて広がる。

弱み　草丈が低く、イネの間では種子をつけられない。塊茎は乾燥に弱く、水分40%以下で枯死。

防除のポイント
①秋冬に耕耘して塊茎を枯死させる。
②田畑輪換で畑作を２～３年続ける（塊茎の寿命は２～３年）。
③水に浮きやすいので水口からの侵入を防ぐ。

地下茎で次々に株を
増やし肥料を奪う
SU剤抵抗性
イネの間に繁茂した状態
（写真提供：やまがたアグリネット）

クログワイ

カヤツリグサ科　多年生

土中深くから
ダラダラ発生、
強害草の悪名とどろく

細長くて丸い茎を伸ばす（M）

強み　深さ10～20㎝の塊茎から長期間にわたって芽を出す。一つの塊茎に複数の芽。一つの芽が除草剤で枯れても、残りの芽が伸びてくる。夏は地下茎の先に子株を次々増やし、秋に地下茎の先にできる塊茎は寿命が5～7年と長い。

弱み　乾燥に弱く、水分が30～40%になると死滅。移動性が小さいので、とくに初期は増殖スピードが遅く、手で抜くのも効果的。

大発生してイネに覆い被さっている様子（M）

防除のポイント

①プラウで反転耕。深いところにある塊茎も掘り起こし乾燥させる（塊茎を凍死させるには－7℃以下にする必要があり、寒さにはやや強い）。

②田畑輪換。畑を3年続けると、クログワイの発生がゼロになるというデータがある。

③初期剤→一発処理剤→中後期剤（→イネ刈り後に茎葉処理剤）という除草剤の体系処理を3年くらい続ける。

＊最近、クログワイ、オモダカ、コウキヤガラなどの多年生雑草に対して、長期間の抑制効果を示す成分を含む「問題雑草一発処理剤」が販売されている。詳しくは136ページ。

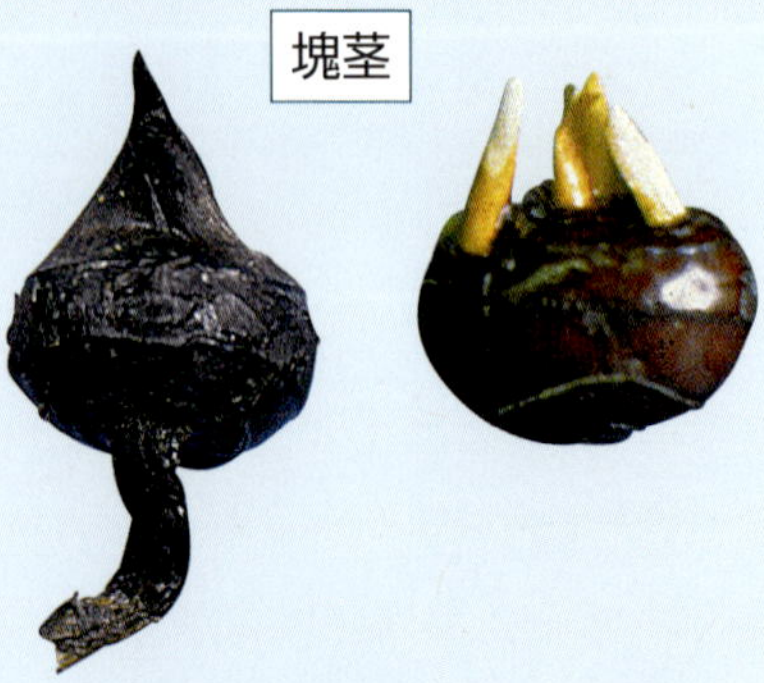

皮をむくと複数の芽があることがわかる（M）

イヌホタルイ

カヤツリグサ科　多年生

花茎を株状に伸ばすのが特徴。花茎の途中に白く見えるのが穂で、穂より上はじつは苞という葉の一種（森田弘彦撮影）

たくさんの花茎を株状に伸ばす

SU剤抵抗性

強み　条件がよいと1㎡当たり10万粒以上もの種子を生産、急速に分布拡大。

弱み　多年生だが主に種子で繁殖。根茎は乾燥に弱い。

防除のポイント

①秋起こしで根茎を乾燥させ、越冬率を低下させる。

②越冬した根茎は、丁寧な代かきで土中に埋没させることで芽が出せなくなる。

③種子発生には除草剤が有効。ブロモブチドやベンゾビシクロンという除草剤成分は、2葉期までのイヌホタルイに安定した効果。田植え1カ月後以降に芽を出した株はほとんど種子をつけない。初期防除が重要。

もっと詳しく！

DVD『雑草管理の基本技術と実際』第2巻「田んぼ・あぜの雑草―生活史と除草のポイント」（1万円＋税）もご覧ください。

クログワイとイヌホタルイの見分け方

茎の断面を見ると、クログワイは空洞が膜で区切られていて竹の節のよう。イヌホタルイの茎は空洞や断面がない（新井眞一撮影）

外来雑草はどこからやってきた？　どう防除する？

黒川俊二

全国の転作田で問題になっている外来雑草は、なぜこれほど広がったのだろうか。農研機構の黒川俊二さんに聞いた——。

転作田にも侵入

１９８０代後半より、全国各地の飼料畑を中心に、イチビやアレチウリ（生態と対策は１２４ページ）、ワルナスビ、ショクヨウガヤツリなどの外来雑草が蔓延し、大きな被害をもたらしてきた。さらに最近では、水田転換畑のダイズ作にも帰化アサガオ類（１２３ページ）やアレチウリ、ホオズキ類（１２４ページ）などの外来雑草が侵入し、著しい減収や汚損粒の発生原因となっている。

これらは既存の雑草防除体系で防ぐのが難しく、新規除草剤をはじめとした新たな防除技術の開発がつねに求められている。

外来雑草問題の背景に乳価下落

外来雑草の侵入・拡大の仕方には「全国各地で突発的に蔓延圃場があらわれる」「地域全体に蔓延圃場が急速に広がる」「新しい雑草種が次々と発生する」という特徴が挙げられるが、その背景には酪農をはじめとする畜産業の変化がある。

長年にわたり乳価の低迷が続いており、酪農家が生き残るためには生産効率を上げるほかに方法がなかった。そこで、１頭当たりの乳量を上げるため、高泌乳牛の選抜に加えて、高エネルギー飼料である濃厚飼料を多給する飼養形態へとシフトしていった。

濃厚飼料の原料のほとんどは輸入穀物である。飼料用も含めた主な穀物（トウモロコシやコムギ、ダイズ、ナタネ）の輸入量は年間２６００万ｔにも及ぶ（平成25年度分貿易統計）。輸入穀物には多種多様な外来雑草種子が混入していることがわかっており、輸入量の増大が外来雑草侵入の機会を増やしたと考えられる。

また規模拡大による低コスト化をはかるため、１戸当たりの飼養頭数も増加した。１９８４年に24・１頭だったのが、30年後の2014年には75頭（畜産統計）。じつに3倍以上である。こうした飼養頭数の増大にともない、それぞれの酪農家では処理しきれない量の家畜排泄物を抱えることとなった。堆肥を完熟化できなくなり、これまでは発酵熱で死滅していた雑草種子が未熟な糞中では死滅せずに生き残り、飼料畑に投入されるようになった。

外来雑草は国外で鍛えられた精鋭たち

このような経路で侵入してきた外来雑草は、アメリカ合衆国などの穀物輸出国の畑で生き残ってきた雑草である。つまり、強度な雑草防除プログラムをかいくぐってきた精鋭であり、そのほとんどがわが国では難防除雑草ということになる。非選択性の除草剤ラウンドアップなどが効かない除草剤抵抗性の遺伝子組み換え作物が生産される現状を考えると、今後、非選択性除草剤に抵抗性を持った雑草の侵入も危惧される。

流域単位で移動する種子

外来雑草は輸入穀物を介して全国各地の飼料畑に侵入するが、そこで蔓延したものは水や風などにより周辺に拡散するとともに、未熟堆肥の流通を通じて水田地帯へ侵入するケースもみられる。

福島県などを流れる阿武隈川流域でのアレチウリの分布拡大について研究した例では、阿武隈川に流れこむさまざまな支流の上流地域にある複数の酪農地帯から種子が流入していることが推定された。外来雑草は流域スケールという非常に広大なスケールで分布拡大していると考えられた。

このようなメカニズムによって、今後も新たな外来雑草種の侵入・分布拡大が続くと考えられる。さらに温暖化が進むと、これまで問題とならなかった熱帯産の雑草種の侵入や、これまでの分布域を越える分布拡大なども危惧される。

国産飼料を使うことが侵入防止になる

さて、こうした外来雑草に対するもっとも重要な対策は侵入防止である。しかし現在のわが国の植物防疫法では、有害植物の定義の中に「雑草」は入っていない。そのため、輸入段階で作物に有害な「雑草」の混入が見られた場合でも止めることはできず、フリーパスで国内に入ってしまっている。各都道府県にある病害虫防除所においても雑草は監視対象となっていないため、新たな外来雑草の侵入も発見が遅れてしまうのが現状である。早期発見・早期対策を実行する体制づくりも今後求められる。

そして何よりも、わが国への侵入の機会となっている輸入飼料から国産飼料へ転換を進め、飼料自給率を向上させることが侵入防止対策となるだろう。

難防除雑草の叩きどころ

このように防除が難しい外来雑草は、「入れない」「広げない」が基本の対策となる。これまでは、問題が大きく

外来雑草がやってきた!

編集部作成

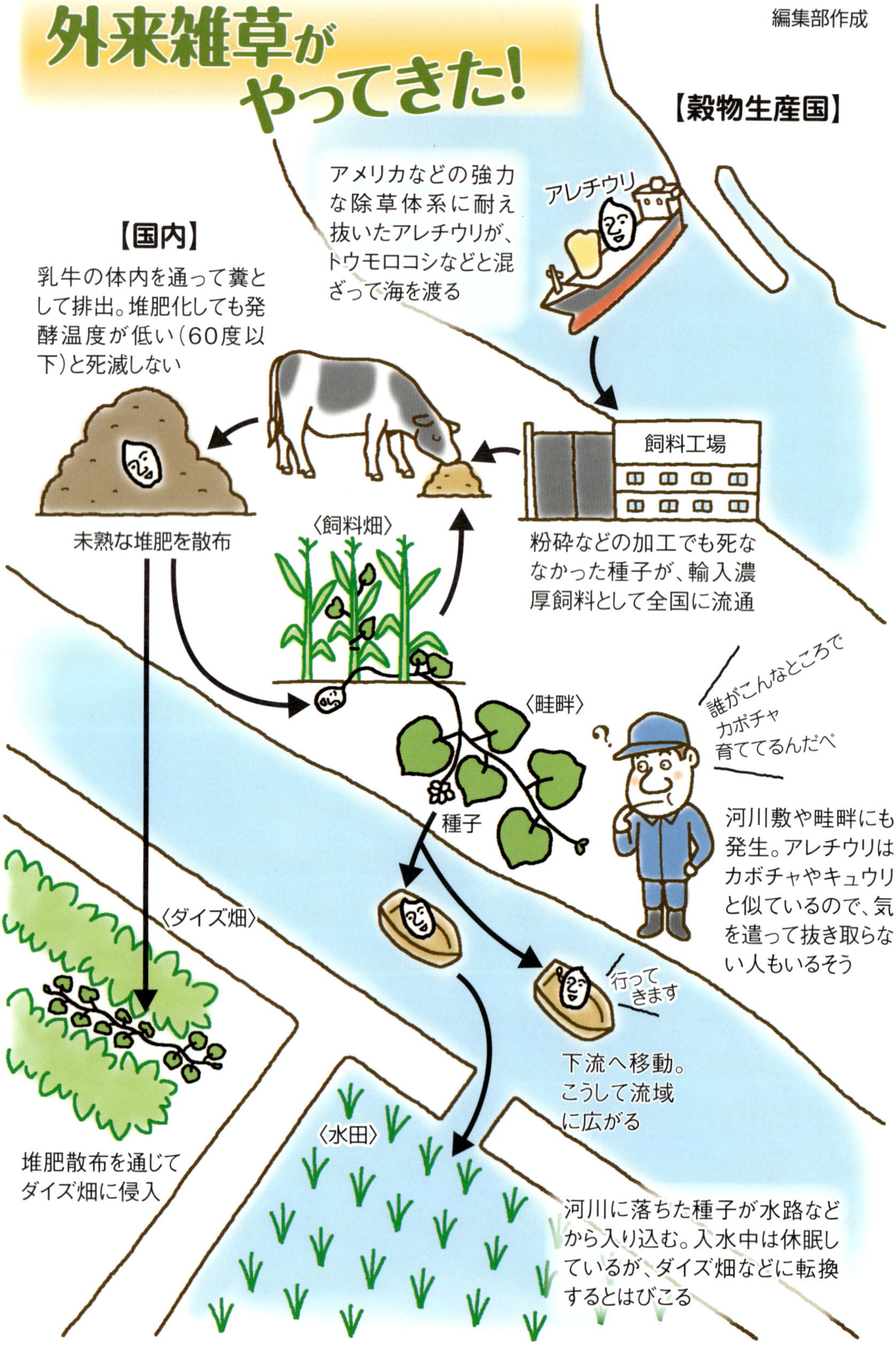

帰化アサガオ類

開花したマルバルコウ。帰化アサガオの中ではベンタゾン（大豆バサグラン）での茎葉処理が効きやすい
（写真提供：澁谷知子、以下Sも）

ダイズ畑に侵入したアサガオ（S）

関東地域のアメリカアサガオの場合

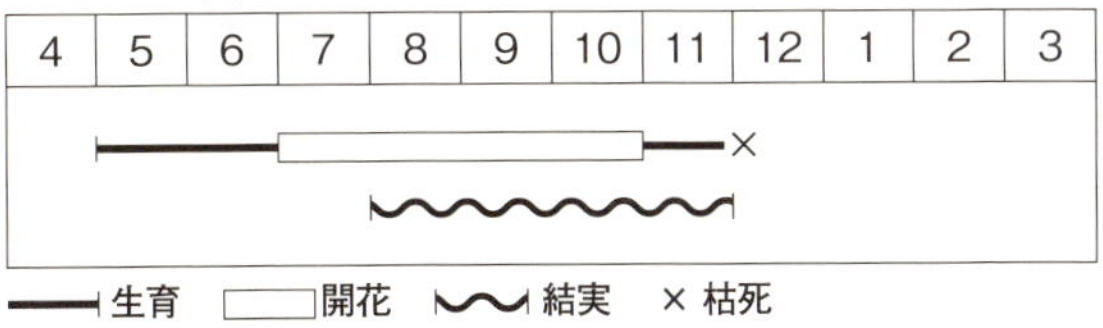

以下の草も生育暦はすべて『原色 雑草診断・防除事典』（１万円＋税）より

なってから対策が取られることが多かったため、被害を未然に防ぐことができず、結果的に全国各地の農業現場に蔓延してしまった種もある。外来雑草の多くは長寿命の埋土種子を形成するため、一度蔓延してしまうと完全に駆除することは難しく、生産を続ける限り防除コストをかけ続ける必要がある。

以下に、いくつか主要な外来雑草について防除のポイントを示す。地域的にまだ蔓延していない場合には、ポイントを押さえてしっかりと防除し、他の圃場への拡散を防止することが重要である。また、蔓延している地域においても被害を回避するうえで参考になるだろう。

帰化アサガオ類

⬇つるを伸ばす前に叩いて日陰に

主に転換畑のダイズ作で問題となる。帰化アサガオ類の防除上重要な生態的特徴は、出芽後最短で2週間でつるを伸ばすことと、ダラダラと長期にわたり発生し続けることである。また、比較的土中深くからも発生するため、土壌処理剤の効果が小さい。

つるを伸ばすと作業機に絡まり、除草剤や中耕除草の効果が著しく劣るので、その前に叩くのがポイント。遅れて発生したものも2週間ごとに防除を繰り返す。

ダイズによって日陰になると生育が抑制されるので、防除を終了してよいタイミングの目安は、ダイズの草丈が条間の幅とほとんど同じになる頃である。

アレチウリ

畦畔から水田に侵入するアレチウリ

トゲがついたアレチウリの種子
（写真提供：浅井元朗、以下Aも）

アレチウリの場合

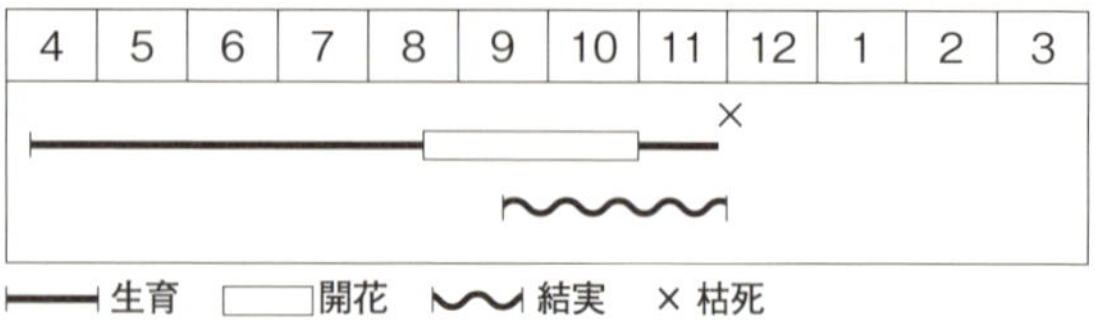

アレチウリ

↓種子をつける9月までに発見

飼料用トウモロコシ畑や転換畑のダイズ作で問題となる。アレチウリの防除上重要な生態的特徴は、出芽後最短で1週間でつるを伸ばすことと、帰化アサガオ類と同様に長期にわたり発生し続けることである。また、比較的土中深くからも発生するため、土壌処理剤の効果が小さい。

アレチウリが圃場に蔓延すると既存の防除体系で被害を回避するのは難しいため、基本的には侵入初期に見つけて種子をつける前に手取りすることがポイント。1個体でもつるを10m以上伸ばして目立つので発見しやすい。その時

ホオズキ類

ダイズ畑のイヌホオズキ
（写真提供：福見尚哉）

ヒロハフウリンホオズキの花（写真提供：木田揚一）

東海地域のヒロハフウリンホオズキの場合

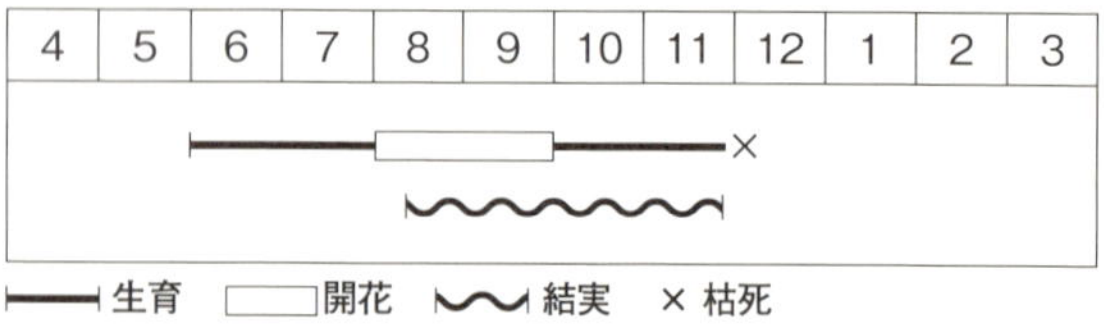

点で見逃さないことが重要。

ダイズ作では有効な除草剤はほとんどないが、飼料用トウモロコシでは茎葉処理除草剤であるニコスルフロン（ワンホープ乳剤）やトプラメゾン（アルファード液剤）などが有効。ダラダラと発生するため、それらの有効な除草剤を体系処理する必要がある。

日陰でも強く、帰化アサガオ類が生育できない条件でも生き残ることがある。日長が短くなる8月中旬以降まで開花しないため、飼料用トウモロコシの場合は、アレチウリが結実する9月上旬頃までに収穫できる品種の選択や作付け体系の設定により、種子生産を抑制でき、蔓延を防ぐことができる。

オオブタクサ

生育期のオオブタクサ（A）

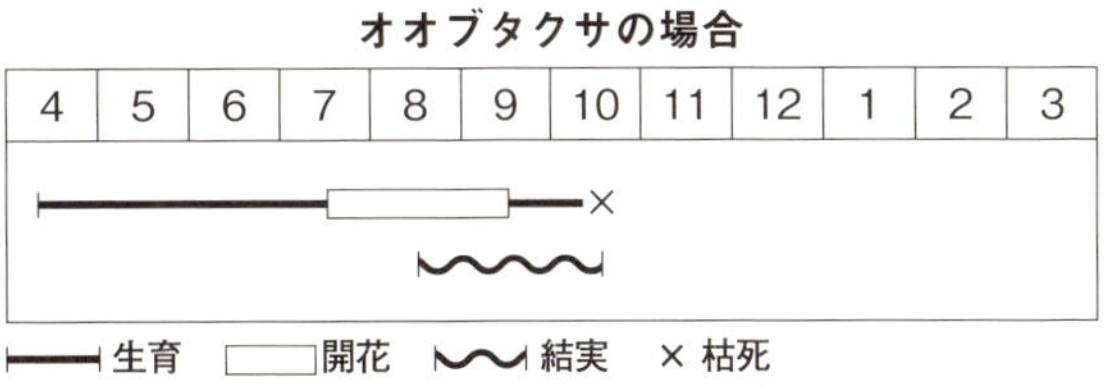

オオブタクサの場合
4
5
6
7
8
9
10
11
12
1
2
3
×
生育
開花
結実
× 枯死

ホオズキ類

リニュロン水和剤で叩いて抑える

ヒロハフウリンホオズキやホソバフウリンホオズキが温暖地でとくに問題となる。ダイズ畑に残ると、収穫物に液果が混入し汚損粒の原因となる。

汚損粒発生リスクを回避するために、遅れて発生した個体も防除することが重要。リニュロン水和剤は茎葉処理効果が高いだけでなく土壌処理効果も高いため、畦間・株間処理によって長期間防除することが可能。

オオブタクサ

小さいうちに茎葉処理

主に飼料用トウモロコシ畑に侵入し、ときには6m以上の草丈にもなる。比較的土中深くからも発生するため、土壌処理剤の効果が小さい。

初期生育が速く、出芽後1カ月で2mに達する場合があるため、オオブタクサが小さいうちにトプラメゾンやアトラジンなどの茎葉処理によって防除することが重要。やはりダラダラ発生するため、それらの有効な除草剤を体系処理する必要がある。

ダイズ畑に侵入した場合、有効な除草剤がほとんどないため防除が難しい。侵入初期に発見し、すぐに手取り除草などで対応する必要がある。

（農研機構中央農業研究センター）

飼料畑の外来雑草 その生態と上手な叩き方

佐藤節郎

化学的防除法＋耕種的防除法で効果アップ

１９８０年代以降、わが国では輸入飼料が増加し、そこに混入した種子に由来するイチビ、ヒユ類などの外来雑草が飼料畑に発生し、被害を与えてきました。畜産草地研究所（現・農研機構畜産部門）では、２０１１年に飼料用トウモロコシ畑で新たに問題となっていたワルナスビ、オオブタクサ、アレチウリ、オオオナモミ、帰化アサガオ類の発生と被害の実態をアンケートで調査しました。その結果、被害の程度はさまざまですが、回答があったほとんどの地域で発生が報告されました。また、侵入した個体数は少なくても被害が甚大であったり、防除法が見出されていない雑草もあり、今後はトウモロコシをはじめとする夏作飼料作物に、より深刻な被害を与えることが予想されます。

雑草の防除法には、除草剤を使う「化学的防除法」のほかに、除草剤を使わない「耕種的防除法」があります。耕種的防除法の具体例として、「機械的防除法」「播種時期の移動」「雑草結実前の早期収穫」「雑草種子や栄養体の埋め込み」などが挙げられます。化学的防除法は雑草防除の基本ですが、耕種的防除法を組み合わせることで、防除効果が向上します。このような方法を「総合的雑草防除法」といいます。

主な外来雑草の特徴と防除法

ここでは飼料用トウモロコシ圃場に発生して新たな問題となっている外来雑草４種の特徴と防除法（総合的雑草防除法）を紹介します。効果は地域や栽培した年の気候などにより異なることがあります。

オオブタクサ

特徴● 出芽は早春に多く、晩春に少ない

草丈が３ｍにもなります。広い土壌水分に適応しますが、どちらかといえば湿った土壌に生育し、全国的に発生が見られます。関東地方では晩夏に開花します。１個体に雄花と雌花があり、よく目にする穂状花序は雄花が集まったものです。ここから飛散する大量の花粉が花粉症の原因

オオブタクサ

キク科の一年草
生育スピードが非常に速い

オオブタクサが大発生。春、真っ先に出芽し、すぐにトウモロコシを覆ってしまう

生長したオオブタクサ。高さが3mになることも。茎頂部に長い穂状の雄花序がつく（矢印）。その基部に雌花がある

となります。

オオブタクサは春に最も早く出芽して、他の夏雑草を抑えて旺盛に繁茂しますが、晩春になると大幅に出芽が少なくなります。生育速度が非常に速く、春に出芽するとたちまちトウモロコシを覆ってしまいます。圃場にオオブタクサが大発生して、酪農家がトウモロコシの栽培を放棄した例もあります。

防除法●早めの耕起、遅めの播種と茎葉処理

オオブタクサはこれまでの土壌処理剤ではほとんど防除できませんでした。しかし、近年、オオブタクサに効果のある新たな茎葉処理剤が開発されています。さらに、「春早く旺盛に出芽・生長するが、晩春には出芽が少なくなる」オオブタクサの特徴を利用すれば、効果的に防除できます。

すなわち、春、トウモロコシを播種する前に、できるだけ早く圃場を耕起して、オオブタクサを多く出芽させておき、播種床を準備するときの耕起で「機械的に防除」します。トウモロコシを遅播きすると、播種までに出芽するオオブタクサの個体数が多くなり、それらを機械的に枯殺できるだけでなく、播種以降の出芽を緩和することもできます。

あとから出芽したオオブタクサには、新たな茎葉処理剤であるゲザノンゴールドやアルファード液剤を茎葉散布します。雑草の生育が進むと効果が低下するので、ラベルを読んで散布適期を逃さないことが重要です。

アレチウリ

特徴●深さ16㎝以下だと出芽しない

東北から九州までの多くの都府県で確認されています。茎はつる性で10mを超えることもあり、先端の巻きひげで他の植物などに絡みつきます。また、つるが収穫機械に絡みついて、作業を妨げます。茎が伸長する速度は非常に速く、トウモロコシを完全に覆い尽くして引き倒すほどです。

アレチウリ
ウリ科の一年草
長いつるが絡みつく

トウモロコシにアレチウリが巻きついている。長さは10mを超えることも

アレチウリの果実。中にある種子が地面に落ちると、春から秋まで出芽し続ける。とくに雨の後は要注意

果実は扁平な楕円形で、集まってつきます。表面には軟毛とともに鋭いトゲがあり、中には1個の種子があります。アレチウリの種子は深さ1～10㎝でよく出芽し、16㎝以下からは出芽しないとされています。夏作飼料作物が栽培されている期間（春～秋）を通じて出芽し続けます。比較的湿潤な土壌を好むため、作物の生育期間に降水があった直後に多く出芽します。

アレチウリは日長が13～14時間未満になると花芽が形成され開花します。14時間になる日と13時間になる日をそれぞれ地域ごとに見ると、次のようになります。盛岡で8月9日・9月4日、宇都宮で8月2日・9月1日、岡山で7月28日・8月31日、熊本で7月22日・8月28日。北（東）に比べ南（西）で時期が早くなります。また、果実が成熟するには開花後30日以上を要します。

防除法●プラウでの種子埋め込みと茎葉処理

土壌処理剤ではほとんど防除できませんが、ワンホープ乳剤の茎葉散布でかなり防除できます。湿った土壌を好むアレチウリは、降水があるたびに断続的に出芽するので、なるべく多くの芽を出させて枯殺するために、できるだけ遅く散布すると効果的です。

耕種的防除法としては、プラウで深耕して土中深くに種子を埋め込み、出芽を抑制する方法があります。また、長期的な視点では、トウモロコシ早生品種を栽培して、アレチウリが結実する前に収穫します。

これらの耕種的防除法とワンホープ乳剤の散布を組み合わせると効果的にアレチウリを防除できます。

セイバンモロコシ（ジョンソングラス）

特徴●種子と地下茎で広がる

飼料作物のソルガムやスーダングラスの仲間で、高さは0・5～2mになります。水平に伸びる地下茎は2mにも

セイバンモロコシ

イネ科の多年草
地下茎で簡単に増える

セイバンモロコシが生えたトウモロコシ畑。根絶は困難

達し、この節から出芽して拡大します。わが国では東北以南の各地に広がり、路傍、堤防、空き地などに広く見られます。また、チッソの多い肥沃な土壌で旺盛に生育し、近年、飼料用トウモロコシ畑にも侵入しています。

セイバンモロコシは茎葉にシアン化合物（毒）をつくることが知られており、とくに霜、干ばつ、高温などの不良環境下での再生草が危険とされています。この雑草が混入したトウモロコシを家畜に給与するときは注意が必要です。

セイバンモロコシは種子と地下茎により拡大します。トウモロコシでは、たとえ早生品種を栽培しても、収穫する前に軽量の種子がたくさんでき、風で飛散します。横に伸びた地下茎は耕耘により細断され、圃場を移動し、容易に拡大・蔓延します。セイバンモロコシの地下茎は低温にはあまり耐えることができず、これが寒冷な地域に拡大できない理由とされています。同時に、高温にもあまり耐えられません。地下茎を30～35℃の乾燥条件に7日さらすと死滅し、地下茎からの萌芽を50～60℃にさらすと3日以内に死滅するとされています。

防除法● 収穫後の連続耕起で、地下茎を退治

種子からの出芽はゲザプリムフロアブルやラッソー乳剤の土壌処理で、ある程度防除できます。しかし、圃場に拡大したセイバンモロコシの多くは地下茎から出芽しています。これらの幼植物は土壌処理剤では防除できませんが、草丈が30～40cmに達する前にワンホープ乳剤を茎葉散布すると効果的に抑制できます。

耕種的防除法として、トウモロコシ収穫後、夏に連続耕起して、地下茎を細かく砕き、地表で高温にさらして、脱水させ死滅させる方法が考えられます。多くの地下茎は地下0～15cmの層にありますから、防除効果は高いと思います。しかし、耕起作業後に降水があると効果が低下する可能性があります。

このように適正な茎葉処理剤散布と地下茎が高温と低温に弱いことを利用した耕種的防除法を組み合わせれば、うまく防除できると考えられますが、根絶することは難しい

ため、長期的な取り組みが必要です。

ワルナスビ

特徴● とにかく根が厄介

草丈30cm～1mになり、葉や茎に鋭いトゲを持ち、枝先に直径3cmほどの白～紫色のジャガイモに似た花をつけます。圃場に侵入したワルナスビは急速に根を伸長させます。垂直に伸びる垂直根は主に栄養貯蔵、放射状に広がる横走根は新個体形成（繁殖）の役割を持つとされます。飼料畑では毎年耕耘作業をするため、横走根が切断されて、根片が圃場に拡散して被害が拡大します。

ワルナスビは植物体全体にソラニンというアルカロイドを含んでいます。ソラニン含有量はトウモロコシの収穫時期に当たる秋には他の時期の10倍にもなるとされるため、ワルナスビが飼料に大量に混入すると家畜が被害を受ける可能性があります。

飼料畑で見られる多くの帰化雑草は輸入飼料に混入してわが国に入り、堆厩肥を通じ、圃場に侵入すると考えられています。しかし、ワルナスビについては、その侵入経路がよくわかっていません。

防除法● 牧草で遮光

ワルナスビは、近年、トウモロコシ畑で見られるようになった雑草のなかで最も防除しにくいものです。登録されている土壌処理剤と茎葉処理剤ではほとんど防除できません。近年、ワルナスビを防除することが知られているグリホサートカリウム塩を含んだ非選択性の茎葉処理剤（商品名：ラウンドアップマックスロード、タッチダウンiQ）が登録されました。トウモロコシ早生品種を栽培すれば、収穫後に圃場に残って葉を展開しているワルナスビにこれらの剤を散布して、繁殖器官である根にダメージを与えて、翌春の発生を緩和できると考えられます。

一方、耕種的防除法としては、圃場をプラウで深く反転

ワルナスビ
ナス科の多年草
急速に根が伸びて、広がる

地面いっぱいにワルナスビ。
最も防除しにくい雑草

ジャガイモに似た花が咲く

し、切断した根を地中深くに埋め込んで、翌春の出芽を緩和する方法があります。根片を埋める深さが増せば、出芽する個体数が減少することが知られています。

現在、最も有効と思われる防除法は、栽培作物をトウモロコシからスーダングラスなどの長草型グラスに代えることです。ワルナスビは強く遮光することで生育が大幅に抑制され、根茎の生長も抑制されることが知られています。

飼料用トウモロコシ圃場に発生する外来雑草の防除法

雑草種	化学的防除法	耕種的防除法
オオブタクサ	ゲザノンゴールドまたはアルファード液剤の早期茎葉処理	春の耕起 播種時期を遅らせる
アレチウリ	ワンホープ乳剤の茎葉処理	プラウによる深耕 早生品種を利用した早期収穫
セイバンモロコシ	ワンホープ乳剤の茎葉処理	夏季の連続ロータリ耕起
ワルナスビ	収穫後、ラウンドアップマックスロードまたはタッチダウンiQの茎葉散布	プラウによる深耕 栽培作物の転換

＊ゲザノンゴールド、アルファード液剤、ワンホープ乳剤はいずれもトウモロコシに対して安全性が高く、全面散布できる

条播するトウモロコシでは播種後に出芽するワルナスビが大幅に遮光されることはありません。しかし、初期生育が速い長草型グラスを散播すれば、ワルナスビを十分に遮光して防除することができます。ワルナスビが蔓延した圃場に、「スーダングラス（夏作）＋イタリアンライグラス（冬作）」体系を導入すると、3年後には圃場にワルナスビの根がほとんど見られなくなることが実証されています。

除草剤散布は基本に忠実に

ここでは、これまでの土壌処理剤散布では防除しにくい4種の外来雑草の防除法を紹介しました。しかし、飼料畑には他種多様な雑草が発生します。それらの多くは使用基準に従って土壌処理剤を散布し、処理層をしっかりつくれば十分に防除できます。また、次のような点も重要です。①播種床をしっかりと砕土する。②散布前に必ず鎮圧する。③除草剤散布用ノズルを使用して均一に散布する。④ラベルに記載されている水量で散布する。

雨があまり降らないと土壌処理剤が効かないといわれます。これは土壌中に水分が少ないと、発芽した雑草が成分を吸収できないからです。逆に雨が多すぎると、成分が流亡してしまい、効果が弱まります。それでも基本を守ることで、その効果を安定させることができます。

防除しにくい外来雑草が発生する圃場では、土壌処理剤散布を基本として、茎葉処理剤散布や耕種的な方法を組み合わせて、しっかりと雑草防除することが重要です。

（元畜産草地研究所）

除草剤を使いこなす

畑の土壌処理剤・水田の一発処理剤
上手な使い方

村岡哲郎

昔から「上農は草を見ずして草を取る」といわれています。例えば中耕除草を行なうとき、芽生えたばかりの小さな草は軽く表面をかき混ぜるだけで容易に除草できますが、しっかり根を張ってしまった雑草は抜き取りにくく、除去するのに大変な労力がかかってしまいます。

このことは除草剤を使う際にも通じるところがあります。一般に小さな雑草ほど少ない薬量で枯らすことができ、また作物が地上に芽を出す前は、作物体に薬液が付着せず薬害が出にくいので、いろいろな種類の薬剤を使用できるメリットもあります。

今回は、このような早い時期に用いられる畑の土壌処理剤、水田の一発処理剤について、上手な使い方を解説します。

畑の土壌処理剤

土壌処理剤とは

土壌処理剤は、その名の通り土壌表面に散布し、土中から発生する雑草を防除する除草剤です。雑草の茎葉に直接散布して枯らす茎葉処理剤と区別されます。

土壌処理剤は、発生前の雑草のみを対象にした剤と、発生後間もない段階の雑草まで抑える剤があります。前者は製品ラベルの使用時期の欄に「雑草発生前」と記されており、後者は「雑草発生前～発生始期」「イネ科雑草1葉期まで」などと書かれています。いずれにしても大きくなった雑草に対しては効果が劣るので、早めの散布を心がけるようにしましょう。

使い方のコツ

土壌処理剤を散布する前に気をつけておきたいことがいくつかあります。まず、粘土含量が高い水田転換畑などでは、耕起時に大きな土塊ができやすく、土壌処理剤の処理層（有効成分が濃く分布している層）がうまく形成されず、効果が低下する傾向があります（図）。

このような圃場では、耕起を行なう際、できるだけ砕土を細かくし、播種後の土壌表面を均平に整えることが薬剤効果の安定につながります。

また、雨上がりに耕起した場合など、耕起前に発生していた雑草をうまく土中にすき込みきれないことがありますが、土壌処理剤にはすき込み残した雑草の再生を防ぐ力は期待できません。そのような場合には、耕起前に非選択性の茎葉処理剤（ラウンドアップマックスロードやバスタなど）を散布して既発生雑草を枯らすことが望まれます。

さらに、大事な作物に対して薬害を起こさないよう、播種深度を適切に保つことも必要です。播種深度が浅すぎると、作物の種子が除草剤の処理層に近づくので、除草剤の影響を受けてしまいます。処理層の厚さは一般に表層から1cm前後なので、出芽不良にならない範囲で十分な深さに播種するよう心がけましょう。

土壌処理剤を効かせるコツ

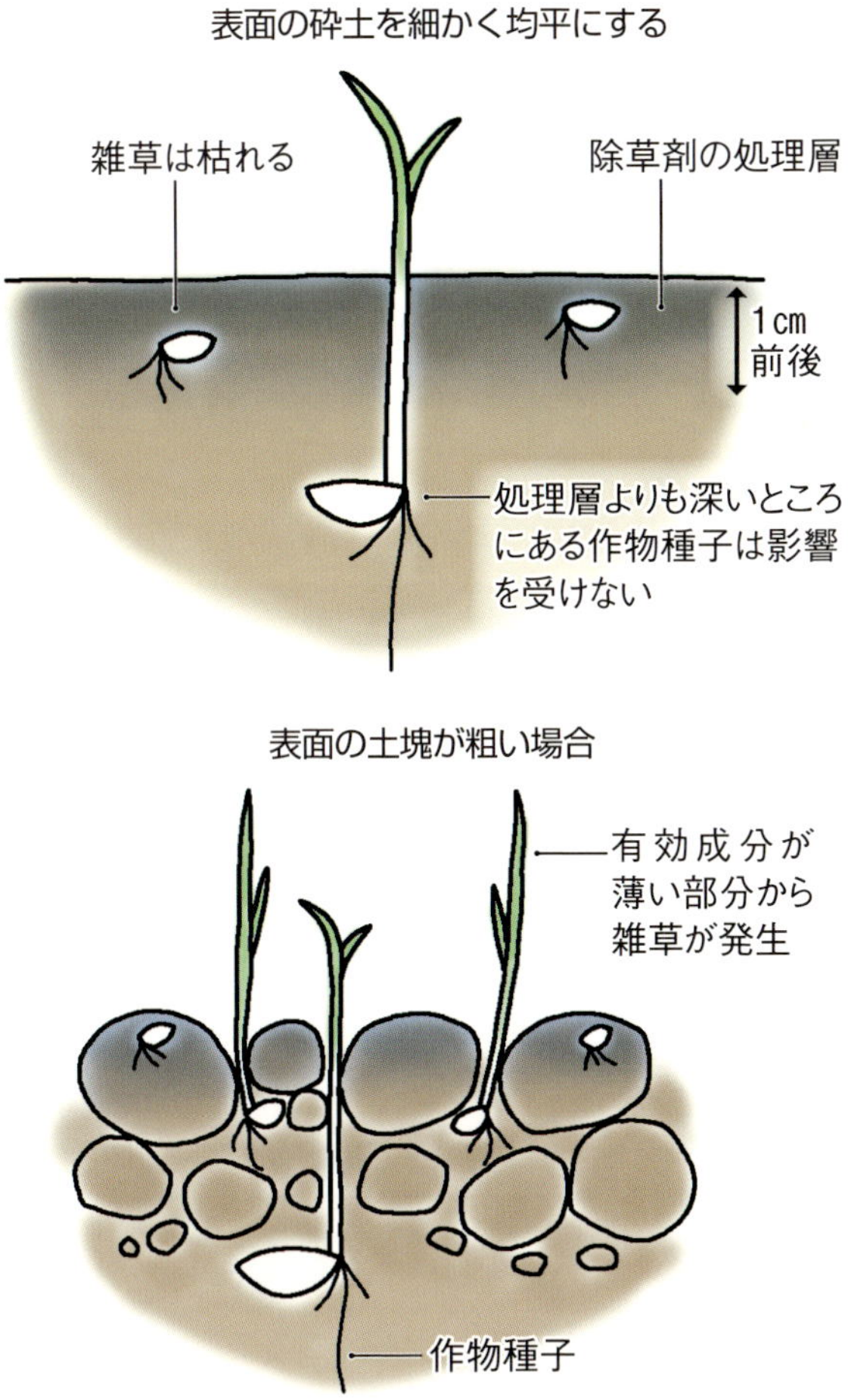
表面の砕土を細かく均平にする
雑草は枯れる
除草剤の処理層
1cm
前後
処理層よりも深いところにある作物種子は影響を受けない
表面の土塊が粗い場合
有効成分が薄い部分から雑草が発生
作物種子

雑草に合わせた選択を

除草剤の種類を選ぶ際にも注意が必要です。当たり前のことですが、その作物に農薬登録されている除草剤を使いましょう。そして、自分の畑に発生する雑草に合わせて、効果の高い除草剤を選ぶのが理想的ですが、そのためには前年度にどのような雑草が出ていたかを把握しておく必要があります。

それがわからない場合には、植え付け前に発生している雑草の種類からある程度類推することもできます。定期的に耕起される畑では、多年生雑草は比較的少なく、上に示したような一年生雑草に注意してください。

これらの一年生雑草に効く除草剤は、ラベルの適用雑草名の欄に「一年生雑草」と書かれています。1種類の有効成分からなる単剤もありますが、複数の有効成分を組み合わせた混合剤のほうが、より多くの種類の雑草に効果を示す傾向があります。前年度、単剤を使って残草が気になった場合には、混合剤に切り替えてみるのもよいでしょう。

なお、各剤がどの草種によく効くかなど詳しい情報は、メーカーのホームページや技術資料などをご参照ください。

以上のように十分に気をつけて使った場合でも、雨が降らず土壌が乾いた状態が長く続くと、土壌処理剤の効果が出にくいことがあります。また逆に、播種後に雨が続いて圃場に入れず、散布適期を逃してしまうこともあるでしょう。残草が認められた場合には、手遅れになる前に、中耕除草や茎葉処理剤の散布などで早め早めの対策を行ないましょう。

水田の一発処理剤

使用時期に注意

現在、水稲栽培においては、一発処理剤が広く使われています。しかし正しい使い方をしないと、追加の除草剤

夏作でよく出る雑草

＊いずれも芽生えの状態。原寸より拡大しています（写真提供：浅井元朗、4点とも）

ホソアオゲイトウ

イヌタデ

イヌビエ

ほかにもメヒシバ、シロザ、スベリヒユや一年生カヤツリグサ科雑草などに注意。地域によっても異なる

冬作でよく出る雑草

ほかにもスズメノカタビラ、ハコベ、ナズナなどに注意

ヤエムグラ

ムギ畑を埋め尽くした除草剤抵抗性スズメノテッポウ

畑の土壌処理剤　近年の動向と使い方

ムギ畑では2005年頃から、ハーモニーやトレファノサイド、ゴーゴーサンなど特定の除草剤がまったく効かないスズメノテッポウが出現してきて問題となっています。

近年ムギ用として登録された土壌処理剤（ボクサー、バンバン、ムギレンジャー、リベレーターなど）は、この除草剤抵抗性のスズメノテッポウにも高い効果を示すことが確認されています。

ただし、スズメノテッポウの発生密度が高い場合には、埋土種子を減らすために、一度耕起してスズメノテッポウを発生させ、非選択性の茎葉処理剤を散布して枯らす方法がおすすめです。その後、ごく浅く耕起しながらムギを播種（浅耕播種）し、これらの新たな土壌処理剤を散布します。

また、外来雑草であるネズミムギも、これまで使用されてきたムギ用の土壌処理剤では効果が低く、収穫を放棄せざるを得ない畑もありましたが、前出のリベレーターなどは、ネズミムギに対しても比較的高い効果を示すことが確認されています。

ただし、耕起前に発生したネズミムギがすき込み不足で再生してくると、土壌処理剤の効果が劣ってしまいます。可能であれば、ムギの播種時期をやや遅らせ、耕起前に発生したネズミムギを非選択性の茎葉処理剤で枯らした後に播種することをおすすめします。

ダイズ畑用の土壌処理剤としては、広葉雑草に高い効果を示すフルミオが上市されました。

フルミオは一年生広葉雑草に高い効果を示します。近年、問題となっている帰化アサガオ類やアレチウリなどの外来雑草に対しても比較的高い効果を示しますが、長期間にわたって発生するこれらには、残念ながら本剤だけでは十分な効果が得られず、中耕除草や茎葉処理剤との体系処理が必須となります。

また、イネ科雑草やアメリカセンダングサなど本剤が効きにくい草種もいくつかありますので、そのような草種が目立つ場合には、他剤との組み合わせ処理も必要となります。

散布や手取り作業が必要になったり、薬害を出すこともあるので注意が必要です。

まずは当然のことですが、製品ラベルをよく読み、適切な使用時期に散布してください。最近は剤の性能が高まり、昔に比べて使用時期が広く設定されているものが多いのですが、使用期間内でも早期、晩期の限界近くでは水管理や温度などによる効果の変動を受けやすくなります。もし前年に雑草の枯れ残りや後発雑草が気になった場合には、使用期間の中間あたりの時期に散布してみるのもよいでしょう。

止水管理のすすめ

一発処理剤の性能を発揮させるために最も大事なのは、圃場の水管理です。除草剤を散布した後の1週間は、畦畔や水尻から一滴の水も漏らさないようなイメージで管理することが安定した効果につながります。

散布された除草剤の成分は、水中を拡散しておよそ一昼夜で圃場全面に広がり、その後、次第に土壌表面に吸着され、土中から発生する雑草に効果を示すことになります。

この間、除草剤成分を含む水が圃場の外に流れ出してしまうと、除草効果が劣る原因になるだけでなく、河川湖沼の水質汚染にもつながりますので、十分に気をつけましょう。

植調協会では、水稲用除草剤をまく場合「7日間給水しない止水管理」を推奨しています。まず田面の露出部分がなくなるよう十分に水を張り、完全に入水を止めて除草剤を散布します。その後は自然に水深が下がるのにまかせて給水せず、散布7日後から通常の水管理にもどす方法です。

除草剤散布後に数日間田面が露出する場合がありますが、有効成分はしっかり土壌表面に残っているため、差し水を続けて管理した場合に比べて除草効果は勝るとも劣らないことが実証されています。散布後に水をかけ流しにしている田んぼでは、水口付近を中心に雑草が残っているのをよく見かけます。そのような管理をされている方は、ぜひ一度この止水管理をお試しください。

*この記事のさらに詳しい内容については日本植物調節剤研究協会のホームページなどをご覧ください。

(日本植物調節剤研究協会)

問題雑草一発処理剤

一発処理剤はその名の通り、水田内に発生する多種類の雑草を1回の処理で抑えることを目指して開発されたものです。しかし従来の一発処理剤は、オモダカ、クログワイ、コウキヤガラなど一部の多年生雑草に対して一時的な抑制効果しか認められず、最終的にはバサグランなどの後期除草剤に頼らざるを得ませんでした。

ところが近年、これらの難防除多年生雑草に対しても発生前から生育初期の処理で長期間の十分な抑制を示す有効成分（トリアファモンやプロピリスルフロンなど）が開発され、これらを含む「問題雑草一発処理剤」（アッパレZ、カウンシルコンプリート、ボデーガードプロなど）が上市されました。

これらの剤を用いることにより、上記の問題雑草の発生密度が年々少なくなり、非常に手間と労力のかかる後期処理剤の散布作業から解放されることが期待されます。

問題雑草一発処理剤のオモダカに対する効果

ちょっとだけ茎葉処理剤の話

除草剤には大きく土壌処理剤と茎葉処理剤の二つがある。厄介な雑草を退治するには両方を上手に組み合わせた除草体系をとることが重要だが、茎葉処理剤は効き方にいろいろ違いがあるので、きちんと理解しておこう。 編

■雑草だけに効くクスリがある

・作物にかかっても悪影響を及ぼさず、雑草だけに効く
　→ **選択性**茎葉処理剤
・作物・雑草を問わず、薬液が付着した植物すべてに効く
　→ **非選択性**茎葉処理剤

選択性茎葉処理剤には、ダイズやジャガイモなど広葉作物の畑に生えるヒエ、メヒシバなどのイネ科雑草を狙った**ワンサイド**、**ナブ**、**ポルト**。飼料用トウモロコシには効かずにイネ科雑草にも広葉雑草にも効く**ワンホープ**※、**アルファード**※などがある
※食用トウモロコシには使えないので注意

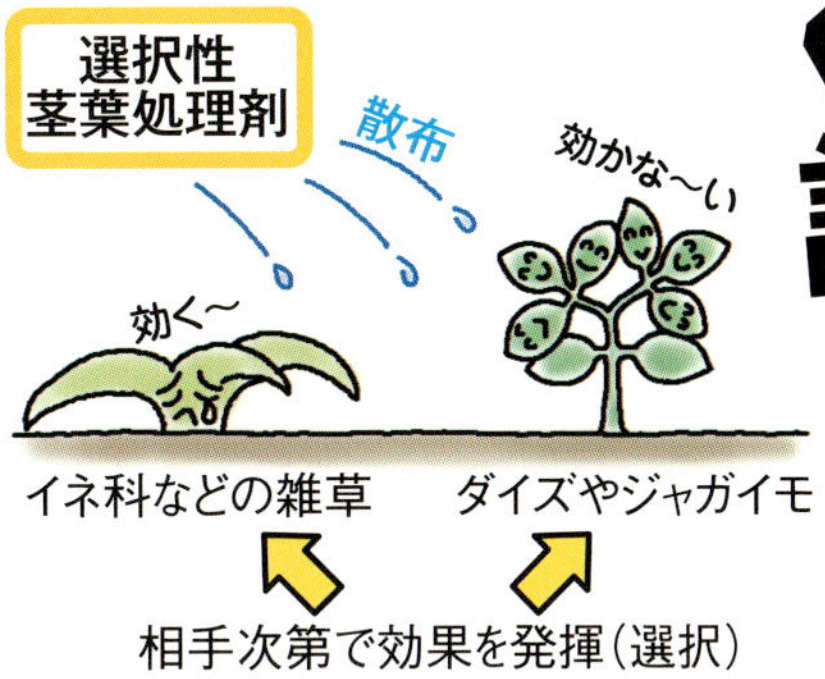
選択性
茎葉処理剤
散布
効かな〜い
効く〜
イネ科などの雑草
ダイズやジャガイモ
相手次第で効果を発揮（選択）

■吸収移行型と接触型

非選択性茎葉処理剤には大きく分けて2タイプある。使用される代表的な成分は、グリホサート、グルホシネート（P）、ジクワット・パラコートの三つで、効き方に違いがある

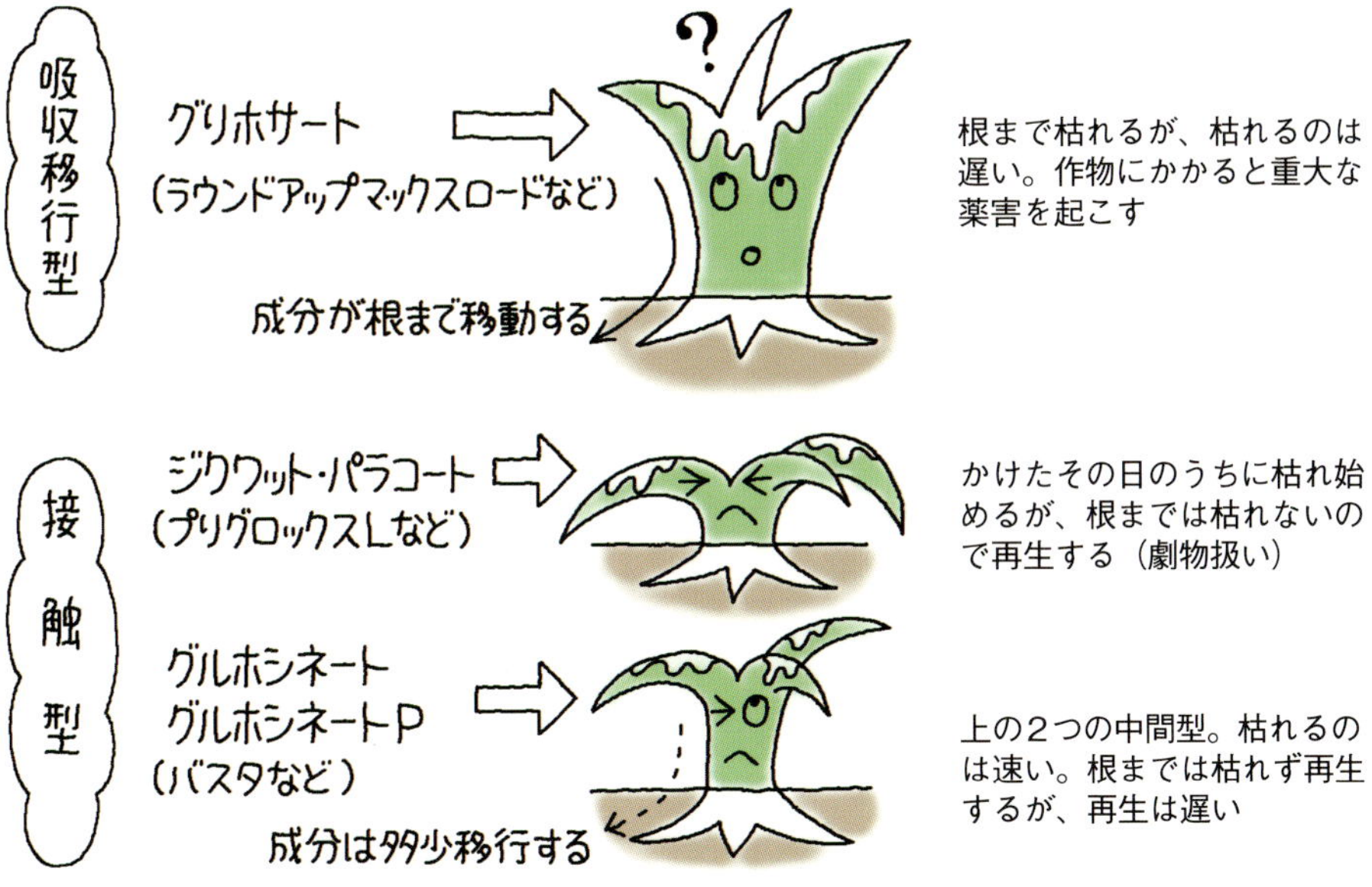
吸収移行型
グリホサート
（ラウンドアップマックスロードなど）
?
成分が根まで移動する
根まで枯れるが、枯れるのは遅い。作物にかかると重大な薬害を起こす
接触型
ジクワット・パラコート
（プリグロックスLなど）
かけたその日のうちに枯れ始めるが、根までは枯れないので再生する（劇物扱い）
グルホシネート
グルホシネートP
（バスタなど）
成分は多少移行する
上の2つの中間型。枯れるのは速い。根までは枯れず再生するが、再生は遅い

■茎葉処理剤をよく効かせるには？

・雑草全体にかかるよう散布する
・雨が降りそうな時は散布を避ける

散布後すぐに雨が降ると、雑草に付着した薬液が流れ落ちて効果がなくなることがある。散布後6時間過ぎた後であれば雨の影響を受けなくなるとされている。朝露が多く、葉についた薬液がこぼれ落ちるような場合も効果が薄れることがある

しっかり散布して6時間キープ

主な茎葉処理剤

○：効果が高い、○〜△：やや効果が劣る

	製品名	成分	一年生		多年生		
			イネ科	広葉	イネ科	広葉	
選択性	ナブ乳剤	セトキシジム	○		○		・スズメノカタビラを除く一年生イネ科雑草、多年生イネ科雑草に対して高い効果
選択性	ワンサイド乳剤	フルアジホップ	○		○		・スズメノカタビラを除く一年生イネ科雑草、多年生イネ科雑草に対して高い効果
選択性	パワーガイザー液剤	イマザモックスアンモニウム塩		○			・多くの一年生広葉雑草に効果
非選択性	サンダーボルト007	グリホサートイソプロピルアミン塩・ピラフルフェンエチル	○	○	○	○	・効果発現の遅いグリホサートに速効性のピラフルフェンエチルを混合して、効果発現の早期化とツユクサ類、ヒルガオ類への効果補強を狙ったもの
非選択性	ラウンドアップマックスロード	グリホサートカリウム塩	○	○	○	○	・一年生雑草、多年生雑草などほとんどの草種に有効 ・遅効性で効果の発現に3〜7日、効果の完成には10日〜2カ月ほどを要する
非選択性	バスタ液剤	グルホシネート	○	○	○〜△	○〜△	・効果の進展はグリホサート剤よりも速く、1〜3日で効果が発現し、5〜20日で効果が完成する ・グリホサート剤が効きにくいスギナやツユクサ類にも高い効果を示す
非選択性	プリグロックス	ジクワット・パラコート	○	○	△	△	・イネ科雑草に高い効果を示すパラコートを混合。スギナを含むほぼすべての雑草の地上部を極めて速効的に枯らすことができる

『農業総覧 原色 病害虫診断防除編』に収録（※ルーラル電子図書館にも収録）の「除草剤の選択と使用法」（村岡哲郎・野口勝可（公益財団法人 日本植物調節剤研究協会））を基に作成

畑の除草剤　よくある失敗と
ワンポイントアドバイス

小林国夫

茨城県鉾田市にある㈱ウエルシード鹿嶋支店店長の小林国夫と申します。タネ・肥料・農薬の農業資材全般を扱っています。今回は茨城県農薬適正使用アドバイザーの立場から、除草剤の上手な使い方と失敗例をご紹介させていただきます。

除草剤は種類が豊富で、「枯らすタイプ」「発芽を抑制するタイプ」「枯らしながら発芽を抑制するタイプ」などがあります。それぞれ使い方が違うため、失敗が多いのだと思います。

枯らすタイプ（バスタ・ザクサ・ラウンドアップ）

根まで枯れるか枯れないか

まず、枯らすタイプといえば、バスタ、ザクサなどのグルホシネート系（以下バスタ系）や、ラウンドアップなどのグリホサート系（以下ラウンドアップ系）があります。バスタ系は葉、茎から生長点に向かって浸透移行し、根っこが残るのに対し、ラウンドアップ系は葉から吸収され、根まで枯れます。

失敗例 **法面やアゼが崩れた**

ラウンドアップ系の「根まで枯れる」という最大の武器が裏目に出て、道路の法面や田んぼのアゼなどが風化作用で崩されてしまうことがありました。

アドバイス **根が残るタイプを**

バスタ系は根っこを残せるため、法面やアゼが崩れにくく、おすすめです。

失敗例 **きれいに枯れない**

一番失敗するのは散布量です。ラウンドアップ系は葉のみに25～100ℓ（10a）の少量散布で枯らすことができます。それに対して、バスタ系は葉と茎に100～150ℓとたっぷり散布しなければ枯れません。早足でパッパッと散布して、雑草が残ってしまった事例もあります。

アドバイス **たっぷり散布**

失敗する大きな原因は水量の違いにあります。バスタ系は「たっぷりと」

草が生えてから使う「茎葉処理剤」（枯らすタイプ）。バスタ、ザクサは根が残る。ラウンドアップは根も枯れる

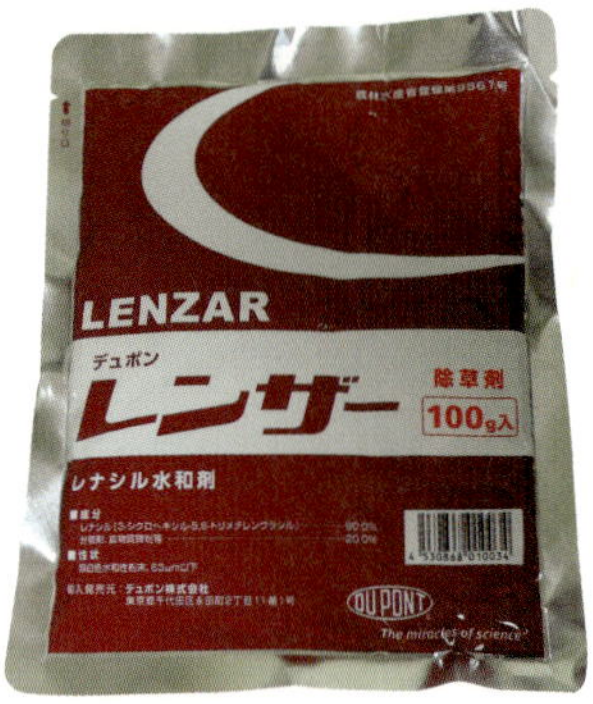

草が生える前に使う「土壌処理剤」（発芽を抑制するタイプ）。残効が長い

を意識して散布してください。

失敗例 **トマトが生育不良に**

とある農家さんが単棟ビニールハウスでミニトマトを栽培し、10~12段目の生育中に、ハウスとハウスの間（通路）に発生した雑草を枯らそうとラウンドアップを散布しました。ところが、ミニトマトの根がハウスの外まで伸びており、ラウンドアップを吸ってしまい、トマトの生長点が白化現象を起こし、生育不良になった事例もありました。

アドバイス **定植後の隣接散布は避ける**

定植後の散布は細心の注意が必要です。作物が生育しているときの隣接散布はなるべく避けてください。

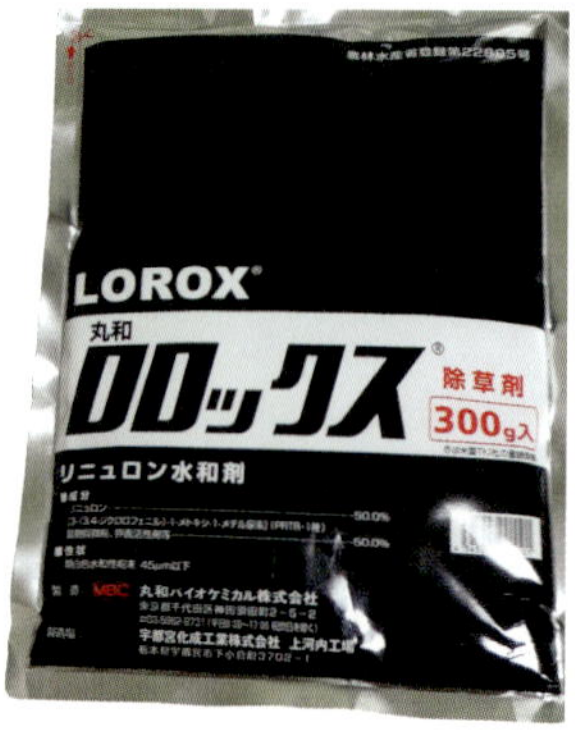

土壌処理剤でありながら、茎葉処理効果も（枯らしながら、発芽を抑制するタイプ）

発芽を抑制するタイプ（レンザー）

残効が長い

失敗例 **ミズナが全滅**

代表的なものとして、レンザーがあります。この除草剤は残効が長く、処理後6カ月間（ハウス内だと、それ以上）は、イネ科・アブラナ科・ウリ科・ナス科などが影響を受けてしまうので、栽培されないほうがいいでしょう。実際、ホウレンソウで使用した農家さんが、後作にミズナ（アブラナ科）のタネを播き、全滅させてしまったこともありました。

アドバイス **後作に気をつける**

優れた選択性と非常に長い残効性を持っているので、とくにこれらのことに注意して使っていただければ、とても優秀な除草剤だと思います。

枯らしながら発芽を抑制するタイプ（ロロックス）

タイミングが命

失敗例 **「播種直後」を逃して、ニンジンが台なし**

ロロックスについて、ニンジンでの失敗例が二つあります。

まず一つめは、特定の品種（サカタのタネの「ベーター312」）で生育期に使用した場合、薬害を生じることです。

もう一つは散布時期です。ロロックスは、ニンジンの播種直後と本葉3~5葉期の1回ずつ、合計2回使えます。とくに注意するのは播種直後の散布。こちら茨城県鹿行《ろっこう》地域の夏播き秋冬収穫の作型では、播種時期にちょうど梅雨明けし、高温乾燥時期に入るため、土壌水分量が足りなくなります。散水設備もないので、時折の雨や夕立の後など、水分のあるときを見計らって、一斉に播種する傾向にあります。そうなると、播種優先で、除草剤散布は後回し。実際、何日か遅れて散布し、ニンジンを全滅させてしまった事例もありました。ニンジンが発芽態勢になっているところへロロックスを散布したからです。

アドバイス 「3〜5葉期」がおすすめ

ニンジンで使用する場合は、播種直後より3〜5葉期をおすすめします。播種直後は、散布が少し遅れても問題ないゴーゴーサン乳剤や細粒剤を使用したほうがいいと思います。

ジェネリック除草剤（サンフーロン）

展着剤で安くパワーアップ

最後に安いジェネリック（特許切れ）除草剤をパワーアップさせる方法をご紹介します。

20年以上前に初期型のラウンドアップの特許が切れ、各メーカーが販売できるようになりました。当店では、その中の一つ、サンフーロンという商品を扱っており、王道のラウンドアップマックスロードより安価で買い求めやすくなっていると思います（約半額）。

その除草剤に石油系（エーテル系）の除草剤専用展着剤サプライを入れるだけで断然パワーアップします！　サプライは1000倍で使えるので（500㎖入り1本で500ℓになるので）、金額は微々たるもの。サンフーロンとサプライを足しても、マックスロードよりもかなり安くすみます。

性能はマックスロードより劣るかもしれませんが、試してみる価値はあります。サプライは雑草表面のクチクラワックス層を溶かしながら、葉の中までサンフーロンの成分を強力に浸み込ませる機能があり、枯らす効果が高まります。

さらに、自分なりの解釈なのですが、植物は朝、葉に朝露があると（葉の縁に水滴が浮き出ていると）、午前中、その水滴を体に戻そうとします。つまり、朝、除草剤を散布し、一緒に吸収させれば、一段と効果が高まると考えています。

とくに難防除のスギナとシノダケにはぜひ試してください。根気よく葉に散布していると、そのうち全滅しますよ。

＊

皆さんは除草剤をどう選んでいらっしゃいますか？　散布時期や時間帯などきちんと理解していらっしゃいますか？　環境や、大切に育てている作物に悪影響を及ぼさないよう、気を付けて使用したいものです。それができれば、除草剤は省力化も人件費削減も可能な大変優秀なアイテムになると思います。

（茨城県鉾田市・㈱ウエルシード鹿嶋支店）

サンフーロンは安いジェネリック除草剤。サプライは展着剤。この2つの組み合わせで、効果がパワーアップ

除草剤のRAC《ラック》コードによる分類一覧　（HRAC《エイチラック》のコード分類より編集部まとめ）

主な除草剤をRACコード（作用機構）ごとに分類してみました。表の左端が除草剤のRACコード（HRAC）。お手持ちの農薬ボトルや袋にHRACコードを書き込んでおくと、抵抗性雑草を防ぐためのローテーション散布に便利です。

※基本的に単剤のみ。混合剤やその成分としてのみ流通しているRACコード、芝生用は省略。除草剤の 9 マークは雑草をイメージしてつくってみました。色がついているものは、比較的記事によく出てくる除草剤。数字や色が近いからといって、系統が近いわけではありません。

HRAC	作用機構	化学グループ	主な商品名
1	アセチルCoAカルボキシラーゼ（ACCase）阻害	アリルオキシプロピオン酸エステル（FOPs）	クリンチャー、トドメMF、ポルト、ワンサイドP
		シクロヘキサンジオン（DIMs）	セレクト、ナブ、ホーネスト
2	アセトラクテート合成酵素（ALS）阻害	イミダゾリノン	アーセナル、ケイピンエース、パワーガイザー
		ピリミジニルベンゾエート	グラスショート、ショートキープ、ノミニー、ヒエクリーン、ワンステージ
		スルホンアニリド	アトトリ
		スルホニルウレア（SU）	アトラクティブ、サーベルDF、シャドー、スケダチエース、ゼータワン、ダブルアップ、テイクオフ、デスティニー、ハーモニー、ハーレイ、ヒエクッパエース、モニュメント、ワンホープ
		トリアゾロピリミジン	ワイドアタック
3	微小管重合阻害	ベンズアミド	アグロマックス
		ジニトロアニリン	ウェイアップ、クサブロック、ゴーゴーサン、コンボラル、トレファノサイド、バナフィン、バリケード
		ホスホロアミデート	クレマート、ヒエトップ
		ピリジン	ディクトラン
4	合成オーキシン（インドール酢酸様活性）	安息香酸	クズコロン、バンベル-D
		フェノキシカルボン酸	一本締、スコリテック、2,4-Dアミン塩、MCPP、MCPソーダ塩、粒状水中2,4-D、粒状水中MCP
		ピリジンカルボン酸	ザイトロン、ザイトロンアミン
		6-アリルピコリネート	ロイヤント
5	光合成（光化学系Ⅱ）阻害-セリン264バインダー	フェニルカーバメート	ベタナール
		トリアジン	ゲザプリム、グラメックス、ゲザガード、シマジン
		トリアジノン	センコル、ハーブラック、プルトン
		ウラシル	ウィードコロン、シンバー、ハイバーX、レンザー
		ウレア	イソキシール、オールキラー、カーメックスD、クサキング、ダイロン、DCMU、ハービック、バックアップ、プロマン、ロロックス
		アミド	スタム
6	光合成（光化学系Ⅱ）阻害-ヒスチジン215バインダー	ベンゾチアジアジノン	バサグラン
		ニトリル	アクチノール
9	EPSP合成酵素阻害	グリシン（グリホサート）	サンフーロン、タッチダウンiQ、ハットトリック、マルガリーダ、ラウンドアップ、ラウンドアップマックスロード
10	グルタミン合成酵素阻害	ホスフィン酸	グリーンスキット、ザクサ、ハードタックル、バスタ
14	プロトポルフィリノーゲン酸化酵素（PPO）阻害	N-フェニルフタルイミド	サインヨシ、ダイロード、フルミオ、メテオ
		チアジアゾール	アタックショット、ベルベカット
		オキサジアゾール	フェナックス
		フェニルピラゾール	エコパート
		その他のPPO阻害	兆、ピラクロン
15	超長鎖脂肪酸合成（VLCFAs）阻害	アゾリルカルボキシアミド	スタメン、ハイメドウ、ファイター、ラポスト
		ベンゾフラン	ザーベックス
		イソキサゾリン	ソリスト、ヒエカット、プロシード
		チオカーバメート	サターン、ボクサー
		α-クロロアセトアミド	アルハーブ、エリジャン、ソルネット、デュアール、デュアールゴールド、フィールドスター、マーシェット、ラッソー
18	DHP（ジヒドロプテロイン酸）合成酵素阻害	カーバメート（DHP阻害）	アージラン
22	光化学系Ⅰ電子変換	ビピリジリウム	プリグロックスL、レグロックス
23	有糸分裂／微小管形成阻害	カーバメート（有糸分裂阻害）	クロロIPC
27	白化：4-ヒドロキシフェニルピルビン酸ジオキシゲナーゼ（4-HPPD）阻害	ピラゾール	アルファード、サンバード、ブルーシア
		その他の4-HPPD阻害	ジータ、ショウエース、マイティーワン
29	細胞壁（セルロース）合成阻害	アルキルアジン	イデトップ
		ニトリル	カソロン、カペレン
		トリアゾロカルボキサミド	グラフテイ
33	ホモゲンチジン酸ソラネシルトランスフェラーゼ（HST）阻害	フェノキシピリダジン	サンアップC
0	不明	その他	エイゲン、NCS、オレンジパワー、ガスタード、キルパー、キレダー、クサトール、クサレス、クロレート、シアノット、デゾレート、バスアミド、フレノック、モゲトン

初出一覧（いずれも『現代農業』）

厄介な多年生雑草 地下組織のたくらみを暴け！

これがオレたち、多年生雑草の生き方さ ……………………2021年7月号
農道の法面　イタドリ、ヨシ、フキ…… ……………………2021年7月号
野菜畑　エゾノギシギシ、ヤマワサビ、コンフリー ……………………2021年7月号
畑周り　クズ ……………2021年7月号
多年生雑草の本体見たり！　根っこ探検隊がゆく ……………………2021年7月号
多年生雑草　地下部まるわかり図鑑 ……………………2021年7月号
厄介なコウブシはサツマイモ緑肥で抑える ……………………2017年5月号

多年生雑草の叩き方

刈り払い＆除草剤のベストタイミングは？ ……………………2021年7月号
休耕田のスギナ　確実な叩き方 ……2021年7月号
スギナ　クロレートSの秋処理をやってみた ……………………2022年7月号
スギナ　除草剤に尿素を混ぜると見事に枯れる ……………………2020年5月号
クズ大問題　まるでグリーンモンスター ……………………2022年7月号
林業でのつる植物とのたたかい方……2022年7月号
刈り払い機の刃、曲げればつるが絡まない ……………………2022年7月号
クズにも負けず育つ　耕作放棄地には八升豆 ……………………2022年7月号
キシュウスズメノヒエ　モミガラ燃焼＆冬期湛水が効く ……………………2022年7月号
ナガエツルノゲイトウ＆オオフサモ　田んぼ周りを脅かす2種の特定外来生物 …………2022年7月号
バックホーの爪アタッチメントで効率的に除去 ……………………2022年7月号
オオバナミズキンバイ　水草だけど、水陸両生 ……………………2022年7月号
雑草抑制ネットで草刈り無用のむらづくり ……………………2021年7月号
廃材リサイクルでアゼ被覆 …………2021年7月号
「べた～とシート」でセンチピードグラスがスピード生育 ……………………2021年7月号
冬シバ　ハードフェスクでラクラク法面管理 ……………………2021年7月号
ことば解説 ……………………2021年7月号

厄介な一年生雑草

ゴウシュウアリタソウ　アージランで打ち勝った ……………………2022年7月号
アレチウリ　夏前の共同草刈り、晩秋までの抜き取りが確実 ……………………2022年7月号
除草剤を泡状塗布できる狙い撃ちノズル ……………………2022年7月号
オヒシバ　話題の枯れないオヒシバに立ち向かう ……………………2022年7月号
グリホサート抵抗性のオヒシバ　中干し時期のザクサで抑える ……………………2022年7月号
グリホサート抵抗性ネズミムギに効く除草剤は？ ……………………2022年7月号
ダイズ畑の厄介な雑草　ツユクサを晩播狭畦栽培と除草剤で抑える ……………………2022年7月号

田畑の雑草　防除事典

初期除草のための雑草事典　畑雑草編 ……………………2017年5月号
初期除草のための雑草事典　水田雑草編 ……………………2017年5月号
外来雑草はどこからやってきた？　どう防除する？ ……………………2015年6月号
飼料畑の外来雑草　その生態と上手な叩き方 ……………………2017年5月号
畑の土壌処理剤・水田の一発処理剤　上手な使い方 ……………………2017年5月号
ちょっとだけ　茎葉処理剤の話………2017年5月号
畑の除草剤　よくある失敗とワンポイントアドバイス ……………………2015年6月号
除草剤のRACコードによる分類一覧 ……………………2020年6月号

＊本書は『別冊現代農業』2024年９月号を単行本化したものです。

撮　影
赤松富仁
倉持正実
皆川健次郎
依田賢吾

本文イラスト
アルファ・デザイン

本文デザイン
金内智子

カバー・表紙デザイン
髙坂 均

※執筆者・取材対象者の住所・
　姓名・所属先・年齢等は記
　事掲載時のものです。

農家が教える
厄介な雑草の叩き方
スギナ、クズなど、なるほど生態とかしこい対策

2025年1月30日　第1刷発行

編　者　一般社団法人　農山漁村文化協会

発 行 所　一般社団法人　農 山 漁 村 文 化 協 会
〒335-0022　埼玉県戸田市上戸田2-2-2
電話　048(233)9351(営業)　048(233)9355(編集)
FAX　048(299)2812　振替　00120-3-144478
URL　https://www.ruralnet.or.jp/

ISBN978-4-540-24170-3
〈検印廃止〉

DTP制作／(株)農文協プロダクション
印刷・製本／TOPPANクロレ(株)
定価はカバーに表示
乱丁・落丁本はお取り替えいたします。